# 金属疲労と
# ショットピーニング

ショットピーニング技術協会［編］

大河出版

# Metal Fatigue and Shot Peening

*Edited by*

Japan Society of Shot Peening Technology

*Published by*

TAIGA Publishing Co. , Ltd.

## 改定第四版出版にあたって

鋼を初めとして様々な金属は，何千年も前にその金属が創り出されたときからその後の変形や加工で強さや硬さが変わることは一部の職人や専門家の中では知られていたことであろう．しかし，金属が弾性範囲の応力によって破壊するといういわゆる金属疲労現象について技術者が知るようになったのは部材の使用環境が急激に過酷になった産業革命後のことである．1930年代に自動車の弁ばね用にショットピーニング技術が初めて産業利用され，特に破壊の三大原因の一つに挙げられる金属疲労が航空機の墜落原因として注目されたのが1953年から1955年に発生した世界最初のジェット旅客機「コメット・Mk.I」であり，このときを境に，金属疲労現象のとらえ方やその防止策などについて多くの実験・研究が重ねられ大きく発展した．その発展過程の中で必然的とも言うべき状況により金属疲労の防止策の一つとしてショットピーニング技術が開発された．微細な粒子で金属を叩いて鍛錬する作業は，日本刀の鍛錬過程とも通じるところがあり，この優れた加工技術は先達の様々な多くの研究・努力のすえ，今日，金属の強化技術として発展してきたものである．

微細な粒子を何らかのエネルギーを利用して高速度に加速して行ういわゆる「噴射加工」は，150年ほど前から様々な分野で使用されてきた．そのなかで，角のない丸い微細な粒子を翼車の遠心力や圧縮空気などで高速度に加速して金属部品を強化するショットピーニング技術は，航空機の高信頼性・長寿命化の重要な特殊工程の一つとなっており，自動車のエンジンや足回りの部材の強化策としても定着している．また，投射粒子が丸いショットばかりでなく，角のあるグリットや研掃材などを使用するブラスト加工などは，機能表面創成技術として幅広く活用されている．

一方で，ショットピーニング技術で用いられる工具としてのショットは，切削加工や研削加工のバイトや砥石と異なり固定されておらず自由に衝突し，加工現象が非常に高速変形であるため力学的な解析や取り扱いが非常に困難である．さらに，被加工物の開発も日進月歩であり，加工部品が常に高品質となるような適正条件を設定することは，その都度多くの事前の実験・研究が必要となるため非常に困難である．

このような現状のためか，ショットピーニング技術協会にはショットピーニングに関する初歩的な質問や，自動車部品加工現場などで「今解決したい」方策を手探り状態でお困りの技術者からの質問が，ホームページの「Q&A」で非常に多く寄せられていることもあり，改訂本出版の必要性が感じられるようになった．

本書出版に至る経緯は次の通りである．初版は，広瀬正吉博士が出版委員長となって1998年日刊工業新聞社より「ショットピーニングの方法と効果　- 金属疲労・残留応力 -」を出版した．初版本が絶版となったことを受けて，前会長の飯田喜介博士が委員長となって2004年に内容を一部追加し「金属疲労とショットピーニング」と書名を変えて現代工学社より改訂第2版として出版した．その後ショットピーニング技術協会が版権を引き継ぎ，同名で第3版として出版したものであるが，最初の出版から20年近く経ち，内容が現在の技術を反映していない部分が散見されることになったため，内容を基本から見直して大幅に改訂した改訂第4版を出版するに至った．

本書は，噴射加工分野のショットピーニングに焦点を当て，ショットピーニング技術の導入を検討されている技術者にも解りやすく解説し，また現在利用している技術者の方々がショットピーニング技術をコア技術としてさらなる応用・活用を考慮される場合にも役立つような実務的かつ内容の深い記述を折り込んでいる．そのため，引用した図表中の単位についても重量単位系のものはSIユニット系に変換し統一した．さらに一歩踏み込み，「ピーニング技術」という観点から，投射材を使用せずにピーニング効果を達成可能な技術として，レーザーピーニング，キャビテーションピーニング，ニードルピーニングなども項目を設けている．

本書がショットピーニング技術を使用する各分野の技術者や設計者のバイブルとなることを期待する．

本書の企画にあたり，大河出版の担当者・古川英明氏には大変お世話になりました．また，出版をご快諾いただいた，同社・吉田幸治専務，および，金井實社長に深く感謝申し上げます．

2018年7月

ショットピーニング技術協会 会長
工学博士　当舎　勝次

**執筆者一覧**（50音順）

当舎　勝次　（出版委員長：元明治大学）
安藤　正文　（ＩＫＫショット）
小木曽克彦　（ジャクセル）
小林　祐次　（新東工業）
杉山　博己　（不二製作所）
鈴木　義友　（ジヤトコ）
祖山　　均　（東北大学大学院）
高橋　宏治　（横浜国立大学大学院）
竹田　　仁　（新東工業）
丹下　　彰　（伊藤機工）
千田　　格　（東芝）
原田　泰典　（兵庫県立大学大学院）
平塚　勝朗　（ニッチュー）
松井　勝幸　（松井技術士事務所）
渡邊　吉弘　（東洋精鋼）

# 目　次

改定第四版出版にあたって……iii

## 第1章　ショットピーニング概論

1.1　ショットピーニングとは……2
1.2　ショットピーニング技術発達の歴史……4
1.3　ショットピーニングの作用と効果……7
1.4　ショットピーニングの実施例……10
参考文献……16

## 第2章　材料強度の基礎とピーニング効果

2.1　金属の疲労現象と疲労強度の向上……18
　2.1.1　疲労強度の定義と特徴……18
　2.1.2　高サイクル疲労……19
　2.1.3　疲労き裂発生と進展のメカニズム……20
　2.1.4　高サイクル疲労強度に対する影響因子……20
　2.1.5　低サイクル疲労……25
　2.1.6　疲労き裂進展……25
　2.1.7　疲労強度向上手法……27
　2.1.8　ショットピーニング技術……28
　2.1.9　表面欠陥の無害化……29
2.2　応力腐食割れの防止……30
　2.2.1　応力腐食割れの分類と特徴……30
　2.2.2　環境と材料面からの応力腐食割れの防止方法……30
　2.2.3　応力の面からの防止方法……31
2.3　転がり疲労強度および耐摩耗性の向上……32
　2.3.1　転がり疲労の特徴……32
　2.3.2　転がり疲労強度の向上……32
　2.3.3　耐摩耗性の向上……33
参考文献……34

## 第3章 投射材


3.1 投射材の種類 …… 39
3.1.1 鋳鋼ショット …… 39
3.1.2 カットワイヤショット …… 40
3.1.3 ガラスショット …… 41
3.1.4 セラミックショット …… 41
3.1.5 超硬ショット …… 42
3.1.6 アモルファスショット …… 42
3.1.7 FeCrBショット …… 43
3.1.8 研磨鋼球 …… 43
3.2 投射材の規格 …… 44
参考文献 …… 45


## 第4章 ピーニング加工法


4.1 ピーニング加工法 …… 48
4.2 ショットピーニング …… 49
4.2.1 ショットピーニング装置 …… 49
4.2.1.1 ショットピーニング装置の構成 …… 49
4.2.1.2 ショット加速装置 …… 52
4.2.1.3 速度コントロール装置 …… 56
4.2.1.4 ショット流量調整装置 …… 56
4.2.1.5 ショット循環装置 …… 57
4.2.1.6 ショット選別装置 …… 57
4.2.1.7 搬送装置 …… 59
4.2.1.8 集じん装置 …… 61
4.2.2 フラップ式 …… 62
4.2.3 超音波式 …… 63
4.3 ショットレスピーニング …… 65
4.3.1 レーザー式 …… 65
4.3.2 キャビテーション式 …… 68
4.3.3 バニシング式 …… 70
4.3.4 ニードル式 …… 72
参考文献 …… 74


## 第5章 ピーニング効果の評価方法


5.1 表面粗さ …… 78
5.1.1 表面粗さと測定方法 …… 78

5.1.2　ショットピーニング加工面の表面粗さ……80
5.1.3　ショットピーニング加工面の機能性に関連する表面粗さ……81
**5.2　顕微鏡による組織観察**……82
**5.3　硬さ試験方法**……84
**5.4　X線残留応力測定**……85
5.4.1　表面形状……85
5.4.2　表面性状……85
5.4.3　表面除去……86
5.4.4　マスキング……86
5.4.5　結晶性状の見極め……86
5.4.6　回折面の選択……88
5.4.7　鋳物のような複合混合相の場合……89
5.4.8　測定方法の選択……89
5.4.9　X線入射角度と有効浸透深さ……90
5.4.10　ゴニオメータの光学条件……91
5.4.11　X線入射角度の設定……92
5.4.12　X線的弾性定数……92
5.4.13　装置の検定……92
5.4.14　測定値の信頼性評価……94
参考文献……95

## 第6章　ショットピーニング加工条件と管理の方法

**6.1　ショットピーニングの方法と効果**……98
**6.2　加工条件**……100
6.2.1　ショットの加速方法……100
6.2.2　疲労強度に影響する因子……100
6.2.3　ショットの流量と単位面積当たりのショット密度……102
6.2.4　ショットの入射角……102
6.2.5　加工時間……102
6.2.6　ホットスポットと重ね合わせ……102
**6.3　被加工材**……103
6.3.1　材質……103
6.3.2　ショットピーニング後の処理……105
**6.4　アルメンゲージシステム**……105
6.4.1　アークハイト……105
6.4.2　アルメンストリップ……106
6.4.3　アルメンストリップホルダ……107
6.4.4　アルメンゲージ……107
6.4.5　アークハイトの測定方法……109
6.4.6　アークハイト測定についての諸注意……109
6.4.7　アークハイトに関する実施例……109

6.5 カバレージ …… 110
6.5.1 標準測定法 …… 110
6.5.2 簡易測定法 …… 110
6.6 インテンシティ …… 111
6.7 生産現場における運用 …… 113
参考文献 …… 113

## 第7章 ばねと歯車に対するショットピーニングの作用・影響・効果

7.1 ばねへのショットピーニングの適用 …… 116
7.1.1 ショットピーニングの重要さ …… 116
7.1.2 ばねの疲労破壊過程と疲労限度予測 …… 117
7.1.3 ばねの疲労限度とアークハイト …… 119
7.1.4 ばねの疲労限度とカバレージ …… 121
7.1.5 代表的なばねのショットピーニングの種類と加工条件 …… 122
7.2 歯車への適用 …… 125
7.2.1 浸炭歯車のショットピーニング技術の変遷 …… 125
7.2.2 歯車のピーニング方法 …… 126
7.2.3 ピーニングによる表面特性の改善 …… 127
7.2.4 歯車の疲労破壊モードに対するピーニングの効果 …… 129
7.2.4.1 高サイクルでの曲げ疲労強度：曲げ疲労限度の大幅向上 …… 129
7.2.4.2 表面特性と曲げ疲労限度の関係 …… 130
7.2.4.3 低サイクルでの曲げ疲労強度 …… 131
7.2.4.4 ピーニングによる耐ピッチング性の向上 …… 131
7.2.4.5 耐スポーリング性 …… 134
7.2.4.6 DSPによる粒界酸化層の無害化 …… 134
7.2.5 ピーニングの採用上における留意点 …… 135
7.2.5.1 DSPでのショット混入の影響 …… 135
7.2.5.2 ピーニングによる歯先のふくれ …… 136
7.2.5.3 使用過程における残留応力の減衰 …… 136
7.2.5.4 加熱における残留応力の減衰 …… 136
参考文献 …… 137

付録 ショットピーニング用語小辞典 …… 141

索引 …… 163

# 第1章
# ショットピーニング概論

第1章では,「ショットピーニングとはどのようなものか」について簡単に解説する.まず,ショットピーニングにより生成される加工面及び加工層の特性変化と,ショットピーニング技術の発達の歴史について簡単に触れた後,ショットピーニングの作用と効果を解説し,最後にショットピーニングの実施例について解説する.

## 1.1　ショットピーニングとは

ショットピーニングは,ショットと呼ばれる数十 μm から数mmまでの金属や非金属の球形粒子を高圧空気や羽根車の遠心力などを利用して高速度に加速して噴射あるいは投射し,被加工材表面を叩き伸ばす冷間加工法である.これにより加工面には**図1.1**に示すような球面状の凹み（痕）が生成されると共に,痕の直下には痕体積の数百倍の降伏領域が生成され,加工面ならびに加工変質層には加工硬化や圧縮残留応力などが生成される[1].

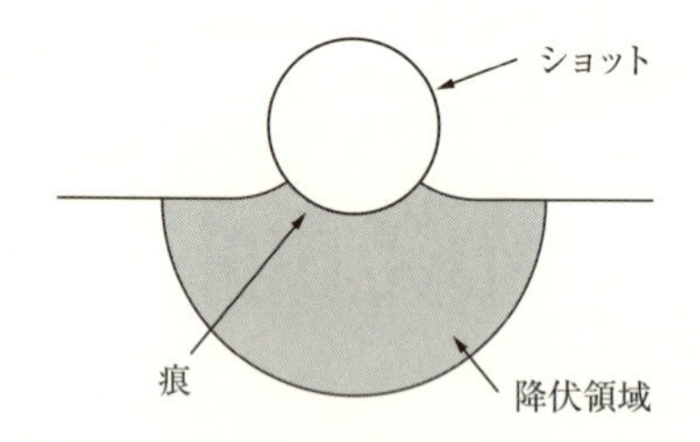


**図1.1 痕と降伏領域**[1]

ショットが高速度で被加工材の表面に衝突し跳ね返るまでの1 ms 以下の時間におけるショットと被加工材表面層における変形状況は次のようなものとなる.

① ショットと被加工材表面層ともそれぞれの弾性係数に応じた弾性変形時：ショットの運動エネルギーの減少は僅かである.

② ショットの弾性変形とショット直下部の塑性変形時（痕の生成と拡大）：さらに被加工材の塑性変形抵抗に応じてショットの弾性変形がさらに増加するとともに披加工材の塑性変形が進み,運動エネルギーが全て両者の弾性エネルギー,痕生成の塑性仕事,発熱に費やされるまでショットは進入する.このとき数パーセント程度表面積が増加するので,瞬間的には新生面が生成されている.

③ 最大変形時：ショットの運動エネルギーが全てショットと被加工材の弾性エネルギーおよび被加工材の塑性変形と発熱に費やされ,速度がゼロとなる.

④ ショットと被加工材に蓄えられた弾性エネルギーによりショットが加速して被加工材から離脱し,被加工材表面には最大変形時より弾性回復した痕が残される.

実際のショットピーニングでは無数のショットが連続的に噴射・投射されるので，加工面は無数の痕で覆われてゆき，最終的には**図 1.2** に示すような梨地模様となる．ショットピーニング後の表面粗さは加工前の状態にも影響される場合があり，各種表面処理による表面粗さを**図 1.3** [2] に示す．

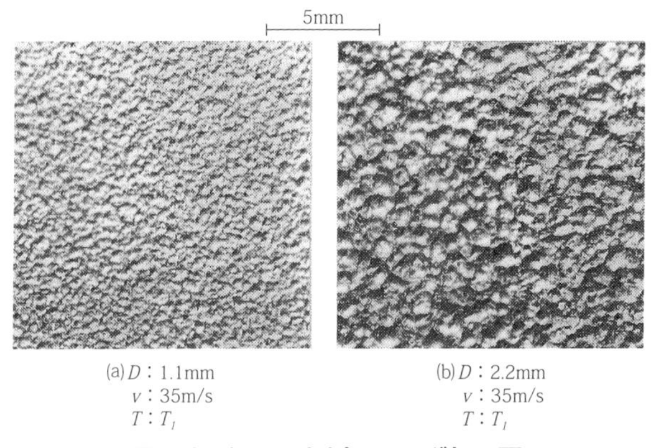


**図 1.2　ショットピーニング加工面**

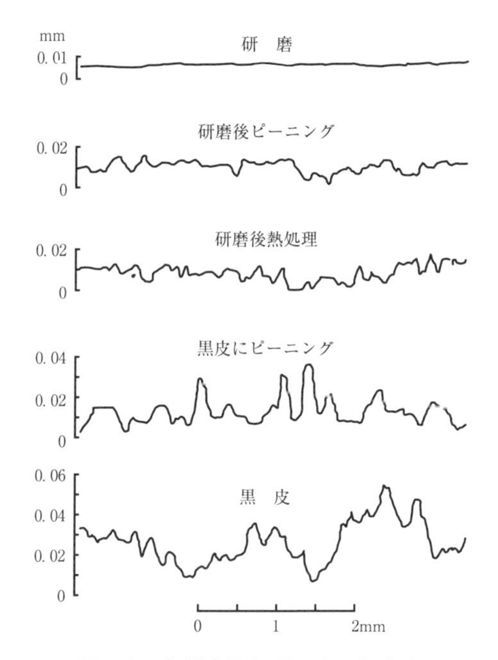


**図 1.3　各種表面処理による粗さ** [2]

金属は冷間加工を行うことによってその機械的性質が変化する．この変化は被加工材の機械的，物理的，化学的特性などに応じて異なるもののほぼ同様の傾向を示し，弾性限，降伏点，抗張力，硬さなどは加工度の増加とともに上昇し，引張試験における伸びおよび絞りなどは加工度の増加とともに低下する．ショットピーニングの場合も第2章以降に記述するように，表面層の浅い領域の硬さが増加するとともに被加工材の非加工層からの反力に応じた圧縮残留応力が付与されることなどにより繰返し荷重に対してはきわめて丈夫になり，疲労強度や耐応力腐食割れ特性などが増加する．

## 1.2　ショットピーニング技術発達の歴史

砂漠の砂などの飛翔粒子が高速度で家屋の壁やガラス窓に衝突すると，その部材表面に微細な傷が付き梨地状態となり，やがて表面から剥離などの削食が起きることは古くから経験してきたことである．

古代人類が道具や武器を作るときにハンマで叩き（ピーニング），あるいは近年になって刀鍛冶が刀剣を打つ場合などに鍛錬温度以下に下がってもかなり長い間最後の仕上げとして鎚打を続けいわゆるピーニングによる冷間加工が応用されている．ショットピーニングはその作業工程で工具をショットに変えて機械化したものと考えて良い．

ショットピーニング技術が現在のように多方面で利用されるようになるまで，次のような経過を辿っている．

(1)　ブラスト有史以前：年代不詳であり，砂で傷がつくことを発見．

(2)　サンドブラストの誕生：産業革命以降（1870年代以降），蒸気エネルギーの利用により，砂の噴射で加工ができることを発見．

(3)　ピーニング作用の発見：1920年代後半，砂の噴射や硬球の落下で金属が変質することを発見．

(4)　ショットピーニング技術の誕生：1927年頃以降，硬球やショットの噴射・投射で金属が改質し，特性値が向上することを発見．

(5)　ショットピーニング技術の確立：1940年以降，ばねの加工に利用．

(6)　ショットピーニングの利用拡大：1970年以降，自動車部品，航空機部品，一般機械部品，原子力発電所構造物，化学プラントなどへの利用・応用拡大．

一般的に新技術が普及するためには，①生産上の必要性，②科学の一定以上の水準，③研究者の3要素が必要とされている．ショットピーニング技術の普及についても，生産上の必要性という点では，1900年初頭に自動車の生産が始まり，1920年代に入るとT型フォードに代表されるように大量生産の時代が到来し，さらに自動車の性能向上の要求があった．科学的水準では，1860年代にWöhlerによって始められた金属疲労の研究は1930年代にかけて膨大な実験研究が行われ，疲労破壊過程の諸現象が明らかにされた．また，1930年代後半から40年代にかけて破壊の統計処理や転位論の提唱など，実験的資料の整理や体系づけがなされた．**表1.1**に1920年代から現在までのショットピーニング技術についての研究と出版の足跡を示す．我が国に於いては，石澤命知ら（1925年）[3]，長澤雄次（1926年）[4]，五十嵐勇ら（1939年）[5]の研究が残されており科学的水準や研究者の面では普及の要件を満たしていたものの，産業界における生産の必要性が不足していたためにショットピーニング技術の普及は1950年代となった．

1950年代に米軍トラック用のばね生産が盛んになるとともに，ショットピーニングは金属疲労に及ぼす優れた加工法として自動車業界に導入された．1960年代，日本では国民の生活が豊かになると共にモータリゼーションの進展に伴い国内自動車メーカー各社が大衆車を発売した状況の下，ショットピーニングは自動車生産の隠し味的な要の加工法として定着した．

**表1.1　ショットピーニング研究と出版などの足跡（1/2）**

| 年 | 研究者・著者・審議 | 論文・雑誌・JIS |
|---|---|---|
| 1927 | E. G. Herbert | Cloudburst Process for Hardness Testing and Hardening, Trans. ASST誌. 16-1, pp. 77-96. |
| 1927 | E. G. Herbert | The Work-hardening of Steel by Abrasion, Journal of Iron and Steel Inst., 116-11, |
| 1935 | 石澤命知,<br>尾形康夫 | 球吹付に依る金属成品の表面硬化（其の一），三菱重工名古屋製作所 研究報告，材試444号, pp. 287-311. |
| 1936 | 長沢雄次 | 鋼粒噴射による表面硬化法に就て，中島研究報告，1-1，pp. 1-23. |
| 1939 | W. A. Rosenberger | IMPACT CLEANING, 1st ED., The Penton Publishing Co. |
| 1939 | 五十嵐勇,<br>深井誠吉 | 試験片の大いさ，表面仕上及び砂吹きがヂュラルミン及び超ヂュラルミンの疲強度に及ぼす影響に就て，日本機械学会誌，5-18，pp. 93-103. |
| 1940 | F. P. Zimmerli | Shot Blasting and Its Effect on Fatigue Life, Surface Treatment of Metals |
| 1944 | H. F. Moore | A Study of Residual Stress and Size Effect and a Study of the Effect of Repeated Stress on Residual Stresses due to Shot Peening of Two Steels, Proc. Soc. Experi. Stress Analysis, 2-1, pp. 191-199 |
| 1944 | O. J. Horger,<br>H. R. Neifert | Improving Experi. Soc. Stress Analysis, 2-1, pp. 179-190 |
| 1947 | J. O. Almen | Shot Peening, Kent Handbook, Feb. |
| 1948 | J. C. Straub | Why Peening Calls for Uniform Shot, SAE Journal, Vol. 56 |
| 1950 | J. O. Almen | Fatigue Weakness of Surface, Engineer, Nov., pp. 117-140 |
| 1951 | N. B. Brown | Shot Peening of Spring Steel, Engineer, Vol. 191, p. 685 |
| 1951 | C. Lipson | A More Realistic Measure of Shot Peening Effectiveness, Steel, 129-6, pp. 72-75 |
| 1952 | F. P. Zimmerli | Heat Treating, Setting and Shot-Peening of Mechanical Springs, Metal Progress, 61-6, pp. 97-106 |
| 1952 | 大野明，高津幸弘,<br>宮川信勇 | ショットピーニング加工法の研究，金属学会秋季講演会 |

**表 1.1　ショットピーニング研究と出版などの足跡 (2/2)**

| 年 | 研究者・著者・審議 | 論文・雑誌・JIS |
|---|---|---|
| 1952 | 内山道良，上正原和典 | ショットの寿命試験，三菱鋼材研究報告，第 52 号，附録 5 頁 |
| 1953 | 福田連 | ブラストクリーニングとショットピーニング，日刊工業新聞社 |
| 1953 | 内山道良，上正原和典 | 熱処理ショットの寿命，三菱鋼材研究報告，53-5，3 頁 |
| 1954 | 中村宏，広瀬正吉 | ショットピーニングの疲れ強さに及ぼす効果についての一　実験，鉄道業務研究資料，11-8. |
| 1954 | 広瀬正吉 | ショットピーニングのカバレージと吹き付け時間との関係，鉄道業務研究資料，11-8. |
| 1955 | 広瀬正吉 | ショットピーニング，誠文堂新光社 |
| 1956 | 広瀬正吉 | 吹付加工法，共立出版 |
| 1956 | ばね技術研究会(審議) | JSMA No.1；ショットピーニング作業標準，日本ばね工業会 |
| 1964 | The Wheel abrator Corp. | Manual of Shot Peening Technology, (189page) |
| 1964 | J. C. Straub | SHOT PEENING IN GEAR DESIGN, 48th Annual Meeting of the American Gear Manufacturers Association |
| 1997 | ショットピーニング技術協会(JSSP)編 | ショットピーニングの方法と効果，日刊工業新聞社 |
| 2002 | 当舎勝次（審議） | ショットピーニングの方法と効果，科学技術振興事業団(現 JST) |
| 2004 | JSSP 編 | 金属疲労とショットピーニング，現代工学社 |
| 2005 | 日本工業標準審議会(審議) | JIS B 2711；ショットピーニング |
| 2008 | JSSP 編 | 金属疲労とショットピーニング，ショットピーニング技術協会 |
| 2009 | 国際標準化機構(審議) | ISO 26910; Springs – Shot peening |
| 2013 | 日本工業標準審議会(審議) | JIS B 2711 (MOD)；ばねのショットピーニング |

1970 年代以降，ばねを筆頭に歯車など自動車部品へのショットピーニング加工が盛んに実施されるようになってはいたが，さらなる機械部品の小型軽量化，長寿命化，信頼性向上の要求が高まり，より一層の強化策として材料開発とともにその材料に対する最適なショットピーニング加工条件の選定が注目され研究・模索されるようになった．

そのような状況の下，世界では**表 1.2** に示すように 1981 年にフランスで第 1 回ショットピーニング国際会議が Niku-Lari 博士の呼びかけにより開催され，以降 3 年ごとに米国，ドイツ，日本，イギリスなど各国持ち回りで開催されている．これまでの国際会議での研究動向は，①装置・システム，②金属疲労，③加工面および加工層の特性値変化が多く，米国で開催された第 11 回国際会議では，日本から微粒子ピーニングが数多く発表された．

第 4 回のショットピーニング国際会議開催の受け皿としての目的もあり，1985 年に日本機械学会にショットピーニング分科会が発足し日中ショットピーニング会議やシンポジウムを開催した．1988 年に上記分科会を母体にしてショットピーニング技術協会が発足し，毎年の事業として年 1 回の学術講演会，年 3 号の機関誌，不定期ながら年 1 ～ 2 回の工場見学会やシンポジウム・講習会などを実施し，ショットピーニ

**表 1.2　ショットピーニング国際会議における研究動向**

| | 開催回 | 1 | 2 | 3 | 4 | 5 | 6 | 7 | 8 | 9 | 10 | 11 | 12 | 13 |
|---|---|---|---|---|---|---|---|---|---|---|---|---|---|---|
| | 開催国 | フランス | アメリカ | ドイツ | 日本 | イギリス | アメリカ | ポーランド | ドイツ | フランス | 日本 | アメリカ | ドイツ | カナダ |
| | 開催年 | 1981 | 1984 | 1987 | 1990 | 1993 | 1996 | 1999 | 2002 | 2005 | 2008 | 2011 | 2014 | 2017 |
| | 論文数 | 68 | 54 | 76 | 66 | 41 | 54 | 58 | 69 | 70 | 90 | 74 | 97 | 115 |
| 内容 | 装置・システム | 10 | 6 | 11 | 9 | 10 | 6 | 15 | 10 | 11 | 5 | 0 | 4 | 2 |
| | 投射材 | 0 | 0 | 0 | 5 | 2 | 2 | 0 | 1 | 0 | 12 | 1 | 1 | 3 |
| | 理論・モデリング | 2 | 3 | 7 | 2 | 2 | 12 | 7 | 8 | 13 | 6 | 16 | 11 | 28 |
| | 疲れ強さ　鋼 | 17 | 12 | 23 | 24 | 7 | 4 | 3 | 13 | 13 | 13 | 15 | 22 | 22 |
| | 疲れ強さ　非鉄 | 7 | 8 | 9 | 2 | 3 | 5 | 4 | 13 | 9 | 7 | 16 | 19 | 14 |
| | 応力腐食割れ | 10 | 6 | 2 | 2 | 2 | 3 | 6 | 3 | 0 | 2 | 1 | 0 | 0 |
| | ピーンフォーミング | 5 | 5 | 5 | 4 | 2 | 1 | 1 | 6 | 1 | 2 | 2 | 5 | 8 |
| | 残留応力・表面粗さ 他 | 15 | 14 | 13 | 18 | 7 | 21 | 19 | 13 | 11 | 10 | 12 | 31 | 37 |
| | その他 | 2 | 0 | 6 | 0 | 6 | 0 | 3 | 2 | 7 | 3 | 11 | 4 | 1 |

ICSP におけるショットピーニング以外の加工：
ディープローリング(6)，レーザーピーニング(6)，微粒子ピーニング(6)

ング技術の向上と普及活動を行っている．

一方，航空機部品加工に関しては，敗戦後 GHQ から航空機の研究ならびに製造を禁止されていたが，1952 年に解禁されると，主に米軍機の修理，米航空機メーカーの戦闘機や練習機などのライセンス生産を行うようになった．その後は 1962 年に初飛行を行った国産旅客機 YS11 の開発や国産ジェット機 T-1, T-2, F-1 の開発，F-104J, F-4EJ, F-15J などの戦闘機のライセンス生産が行われている．1990 年～ 2000 年代には米国のボーイング社と日本の航空機メーカーが B747, B767, B777, B787 などの旅客機を部分的に共同開発・製造するようになっている．

航空機分野でショットピーニングが用いられている部位の主なものは実施例の所に記述するようにタービンブレードやランディングギアなどの疲労強度向上の他，機体や翼などの変形（ピーンフォーミング）に活用されている．これらの加工条件の選定は，ボーイング社などの航空機生産企業からの指示書通りの加工しか認められていないため，ショットピーニング実施企業は正しく加工できることを担保するための Nadcap 認証を持っている必要がある．

## 1.3　ショットピーニングの作用と効果

ショットピーニングは，**表 1.3** に示すようにショットの運動エネルギーを利用して①加工面特性値の変化，②表面層の改質，③表面層のみの延展・鍛圧など，直接的な作用ならびに影響を及ぼすことが知られている．この中で，①表面性状変化および②加工層生成から生じる様々な効果をピーニング効果と称している．③表面層のみの延展では，被加工材が厚い時は被加工材の変形は僅かであるが，薄い場合には**図 1.4** に示すように被加工材は全体が円弧状に変形することになる．この変形を利用する加工法はピーンフォーミングと呼ばれ航空機の翼や胴体の成形に活用されている．

**表 1.3　ショットピーニングの作用・影響・ピーニング効果**

| 作用 | 影響 | ピーニング効果 |
|---|---|---|
| 表面性状生成 | 痕生成<br>特有表面粗さ生成<br>表面特性値生成<br>前加工面性状の削除 | 流体抵抗の減少<br>放熱特性の向上<br>機能表面の創成<br>梨地化 |
| 表面層改質 | 圧縮残留応力付与<br>加工硬化・鍛錬<br>組織変化<br>結晶の微細化 | 疲労特性向上<br>耐応力腐食割れ特性向上<br>耐摩耗性の向上 |
| 叩き延ばし<br>（ピーニング） | 表面層のみ延展・鍛圧 | 成形（ピーンフォーミング）<br>封孔処理<br>粒界封鎖<br>かしめ<br>ライニング |

ピーニング効果に影響する加工条件は**表 1.4** に示すように非常に多いが，ショットピーニングの加工基準として一般的に用いられているものは，加工状態を示すカバレージとピーニングの強さを示すピーニング強度である．これらを決定する基本要因となる「ショットの材質と粒度」，「投射時間」および「投射速度」は特に重要である．ピーニング効果は主として表面粗さならびに加工層の圧縮残留応力，加工硬化によるものである[1)]ので，ピーニング強度だけでなく被加工材の材質，寸法・形状，温度などに影響され，適正ピーニング条件もそれぞれ異なったものとなる．

上記の様々な影響およびピーニング効果に関連する加工要因並びに加工条件を**表 1.4** に示す．ショットピーニングを初めて導入する場合，加工部品の使用目的に応じた適正な加工要因を選定しなければならないが，**表 1.4** に示すように加工条件一つをとっても非常に選択肢が多く，直ぐに適正条件選定することは不可能である．まずは専門メーカーに相談し，さらにショットピーニング関連の講習会や講演会などに参加

**表 1.4　ピーニング効果に影響する加工要因ならびに加工条件**

| 加工要因 | 内容 |
|---|---|
| 加工装置 | 遠心式，空気式，超音波式，ウォータージェット式 |
| ショット | 材質（比重），硬さ，粒度（サイズ） |
| 加工条件 | ピーニング強度，カバレージ（加工時間），ショット速度（噴射圧力），投射量（投射密度），投射角，応力状態，投射段数 |
| 被加工材 | 材質（機械的，物理的，化学的性質），寸法，形状，加工履歴，熱処理履歴 |

してショットピーニングのやり方を知ることが肝要である.

一般に投射エネルギー（またはショットの運動エネルギー）を増加させるとピーニング強度も増加し，**図1.5**[6]，**図1.6**[6]，**図1.7**[7] に示すように①表面粗さの増加，②加工面付近の加工硬化の進行と加工層深さの増加，③加工面付近の圧縮残留応力の増加ならびに最大残留応力の発生する深さの増加[2] などが起きる．しかし，これらの変化はピーニング効果に及ぼす影響とは異なっているので，それぞれのピーニング効果に対する適正条件でショットピーニングすることが肝要である.

**表1.4**において，ピーニング効果に与える投射時間の影響は十分な加工時間（加工面が全て痕で覆われるフルカバレージタイム以上）であれば問題はないが，被加工材の特性や他の加工条件により異なるので過少あるいは過多（オーバーピーニング）とならないように注意する必要がある.

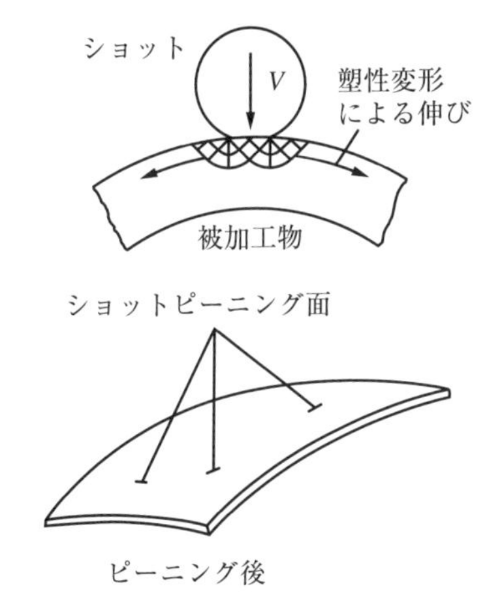


**図1.4 ピーンフォーミングの原理**

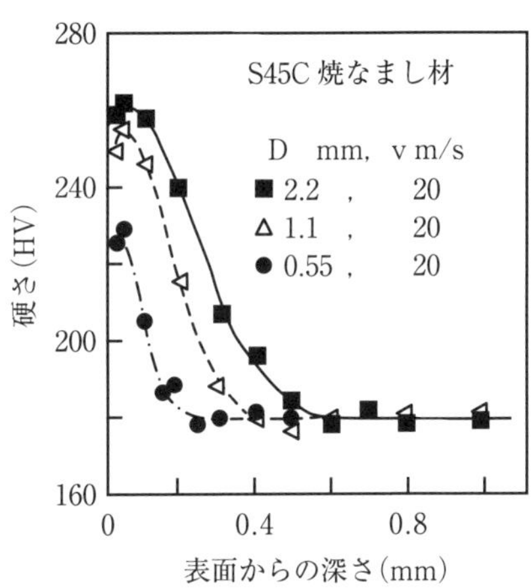


**図1.5 ショットピーニング後の硬さ分布**[6]

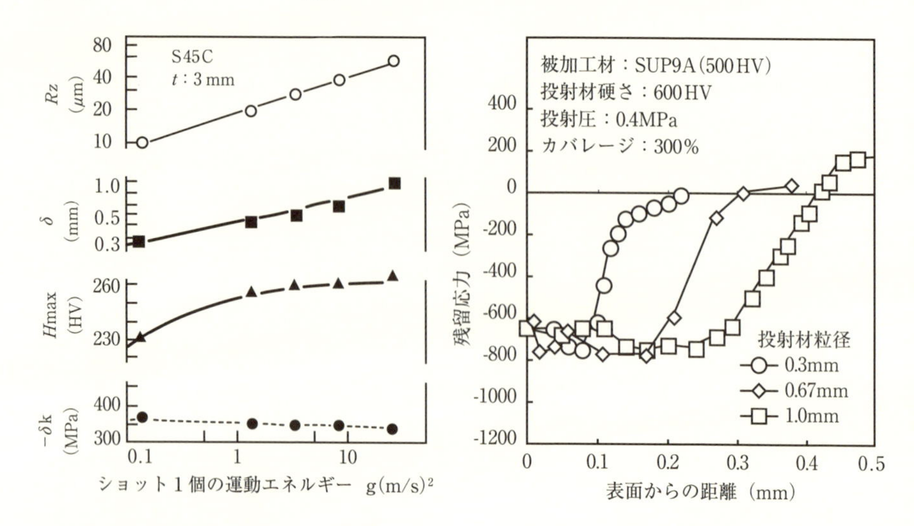


**図1.6　ショットの運動エネルギーと表面粗さ，加工層深さ，最大硬さ，表面残留応力の関係** [6)]

**図1.7　ショットの粒径と残留応力** [7)]

## 1.4　ショットピーニングの実施例

被加工材に与えるショットピーニングの直接的作用には，**表1.3**に示したように表面性状変化，表面層改質（圧縮残留応力の付与，加工硬化，組織変化，結晶の微細化），叩き延ばし（成形，粒界封鎖，かしめなど）などがある．その中で，ピーニング効果を積極的に利用しているものには，**表1.5**に示すように航空機（翼，機体，タービン翼，その他多くの部品），自動車（ばね，歯車，コネクティングロッドなどの部品），

**表1.5　ショットピーニング加工部品例**

| 工業分野 | 加工部品例 |
|---|---|
| 航空機 | タービンブレード，ランディングギア，機体，翼，各種構造部品など |
| 自動車 | 各種ばね，各種歯車，コネクティングロッド，エンジンバルブ，シリンダーヘッド，ターボチャージャ部品，トーションバー，ボールジョイント部品，各種ボルトなど |
| 機械 | 各種ばね，各種歯車，工具類，各種金型など |
| 電機 | 各種ばね，要素部品など |
| 化学プラント | 反応缶溶接部，各種プラント溶接部，クラッド溶接部，熱交換器溶接部，アンモニア球形タンク溶接部，撹拌機など |
| 原子力プラント | 炉内構造物溶接部，原子炉蒸気発生器など |

石油や化学プラントなどがあり，疲労や応力腐食割れなどにより破損する部材や部品には殆ど例外なくショットピーニングが行われている[8][9]．

以下にショットピーニングの実施例を示す．

(1)　金属疲労の防止：ばね，歯車，航空機用タービンブレードなど

金属疲労の防止に対する主な要因は圧縮残留応力，加工硬化，組織変化などである．

現在，一般的に測定されている圧縮残留応力はショットピーニングによる表面層の叩き延ばしに対抗する非加工層の反力により発生するもので，**図 1.8** に示すように最大応力が加工面に発生する場合と内部に発生する場合とがある．一般的加工条件によるショットピーニング加工面の残留応力は例外なく圧縮であるが，被加工材の内部方向に勾配があり，内部で引張になる[10]．溶接や熱処理によって発生する有害な引張残留応力もショットピーニングにより容易に圧縮にすることが可能である．しかし，残留応力は他の要因と異なり，作用応力が大きい場合には変化するので，使用中の残留応力値の変化に留意する必要がある．

加工硬化はショットによる被加工材の塑性変形から生じるもので，加工硬化層の深さは被加工材の材質や加工履歴などにより異なるが，**図 1.5** や**図 1.6** に示したように高々 1mm 以内である．しかし，**図 1.9** に示すようにショットピーニングにより被加工材の硬さが低下（加工軟化）する場合もある[11]．

ショットピーニングが組織変化を発生させる例として，浸炭焼入れ材の残留オーステナイトを加工誘起マルテンサイト化する効果[12]などがあり，疲労強度を著しく向上させる．

実施例は**図 1.10**[13]に示すような自動車用部品（ばね，歯車，コネクティングロッドなど多数）や航空機部品（タービンブレード，機体構造部品など多数）などがある．

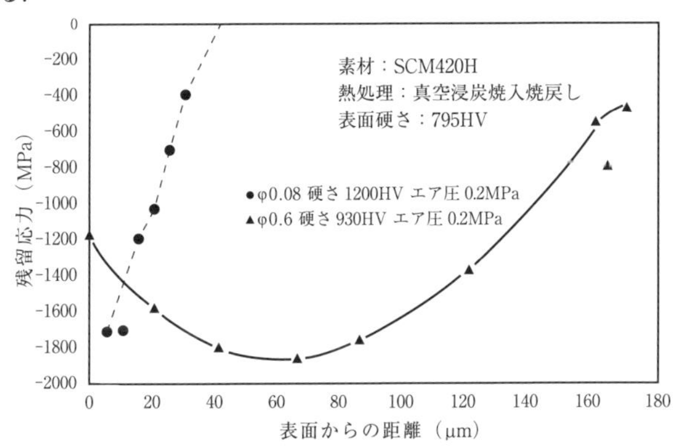


**図 1.8　残留応力分布の種類**

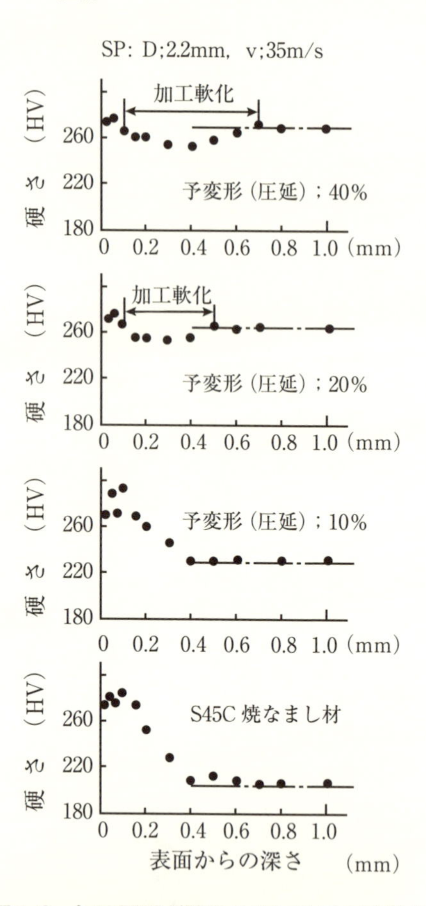


**図 1.9　加工履歴が硬さ分布に及ぼす影響** [11)]

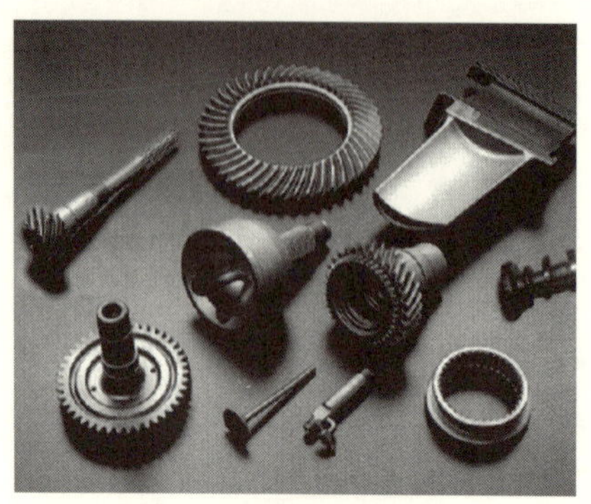

**図 1.10　ショットピーニング加工を実施している部品例** [13)]

(2)　応力腐食割れの防止：化学プラント，原子力発電用プラント

応力腐食割れは疲労破壊と似ているが腐食との相乗効果により発生する点で異なっている．この点については第2章で詳しく説明する．耐応力腐食割れ特性の向上は主に圧縮残留応力と加工硬化とによると考えられているが，**表1.6** [9] に示すように個々に対応しているのが現状である．**図1.11** [14] に圧力容器に対する実施例を示す．

**表1.6　応力腐食割れ（SCC）に対する実施例（文献9より抜粋）**

| 件　　名 | 被加工材材質 | ショットピーニング（粒径） |
|---|---|---|
| 油井のドリルカラ | 14Cr10Mn8Ni | ハンマーピーニング |
| 攪はん機 | オーステナイト<br>ステンレス鋼 | ガラスビーズ（0.1-0.2mm） |
| 放散塔溶接部 | SUS304, SUS316 | 鋳鋼ショット＋ガラスビーズ |
| 吸収塔 | SUS304 | ステンレス鋼カットワイヤ(0.5mm) |
| 原子炉蒸気発生器 | Alloy600 | ステンレス鋼ショット（極めて小径） |
| 四酸化窒素容器 | 6Al4V チタン合金 | ガラスビーズ |
| アンモニア球形タンク | A286 | 鋳鋼ショット（#550） |

**図1.11　圧力容器実施例** [14]

(3)　ミクロプール生成：ディンプル

ピーニング面は**図1.12** [15] に示すような球面状の痕の集合体であり，これらの痕は潤滑油のミクロプールとして作用する [16]．また，ピーニング面を持った部材を流体中に置いた場合，流体から受ける抵抗が減少する例が報告されている [17]．

(4)　成形（ピーンフォーミング）：航空機機体ならびに翼

被加工材の変形を積極的に利用するものとしてピーンフォーミングがあり，**図1.13** [18] に示すような航空機の翼や機体などの成形に使用されている．

(5)　封孔処理：ダイカスト製品，真空機械の密閉容器

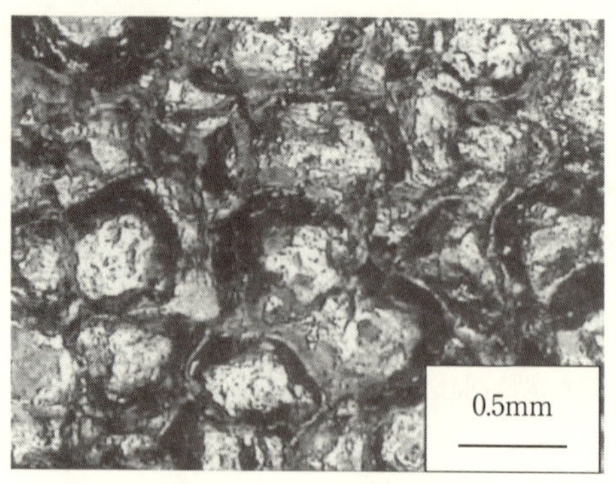


**図 1.12　ショットピーニング加工面のディンプル** [15]
（被加工材；A1070，ショット；鋳鋼，1mm）

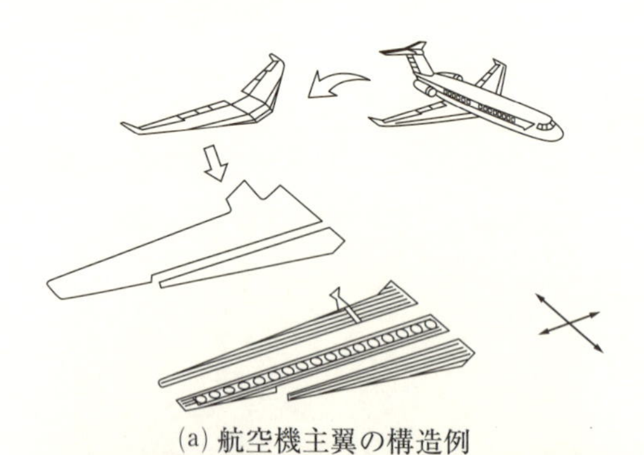

(a) 航空機主翼の構造例

(b) 主翼スキン外観

**図 1.13　航空機実施例** [18]

ショットが加工面を叩き伸ばす過程で，表面層の結晶粒界などが複雑に圧縮変形すると共に圧縮残留応力により微細な隙間が封鎖される．

(6)　かしめ・ライニング：**図 1.14** および **図 1.15**

表面層の叩き延ばしを活用して，**図 1.14**[19] に示すような様々な形状のピンなどを締結することが可能である．また **図 1.15**[20] に示すように，ショットの衝撃力を利用して異種金属のライニングにも応用が可能である．

以上のようにショットピーニングは，**表 1.3** に示したピーニング効果を得ることであり，現在は疲労強度や耐応力腐食割れ特性の向上，成形などが主目的となっているが，機械部品に対する小型・軽量化，長寿命化，高信頼性などの要求はますます過酷なものとなってきているため，ショットピーニングの利用範囲は拡大の傾向にあり，航空宇宙産業をはじめとする輸送機器工業や各種プラント工業などではショットピーニングがますます重要な加工となってきている．

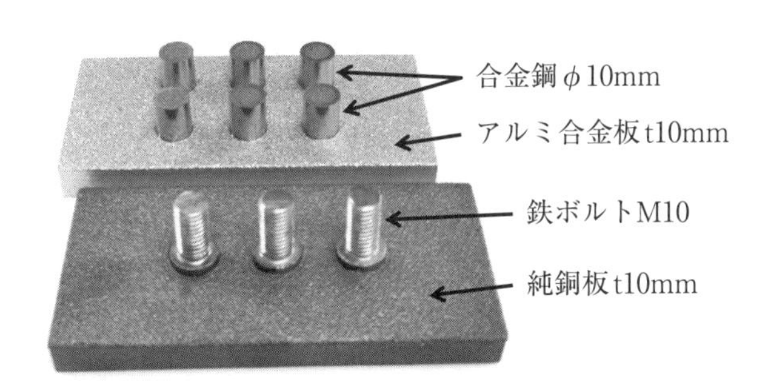


**図 1.14　ショットピーニングによるかしめ加工**[19]

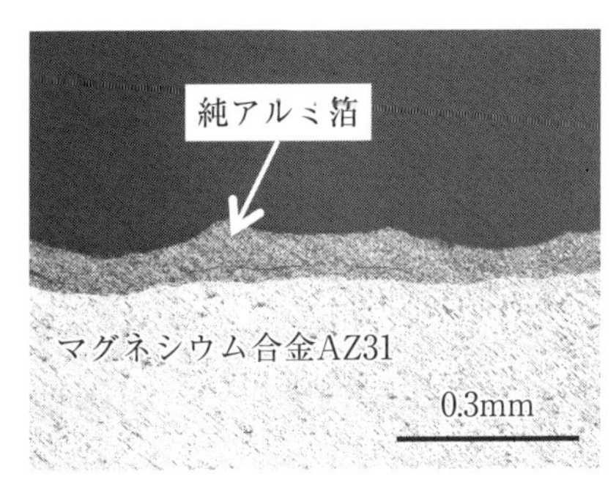


**図 1.15　ショットピーニングによるライニング加工**[20]

## 参考文献

1）当舎勝次，ショットピーニングの温故知新，まてりあ 47(3)(2008) pp.134-139.
2）広瀬正吉，ショットピーニング（第二版），誠文堂新光社，(1964) p.1
3）石澤命知，尾形康夫，球吹付に依る金属成品の表面硬化（其の一），三菱重工名古屋製作所技報（材試）44 (1935) pp.287-311.
4）長澤雄次，鋼粒噴射による表面硬化法に就て，中島研究報告 1(1)(1936) pp.1-23.
5）五十嵐勇，深井誠吉，試験片の大いさ，表面仕上及び砂吹きがヂュラルミン及び超ヂュラルミンの疲強度に及す影響に就て，日本機械学会誌 5(18)(1939) pp.98-103.
6）飯田喜介，当舎勝次，ショットピーニングの加工条件と疲れ強さ，精機学会誌 51(8)(1985) pp.1569-1574.
7）高橋宏治ほか，ばねの高強度･信頼性化技術研究委員会報告，ばね論文集 2011 (56) (2011) pp.49-57.
8）水宮一浩，石動谷充康，池田篤史，二段ショットピーニングによる歯元と歯面疲労強度強化歯車の開発，ショットピーニング技術，28(1)(2016) pp.9-12.
9）吉江謙三，ショットピーニングの応力腐食への適用例，ショットピーニング技術，3(2)(1991) pp.111-116.
10) Kurihara Y.，Shimoseki M.，Sato K，Relationship Between Change in Leaf Spring Camber and Residual Stresses Produced by Shot Peening，Proceedings of ICSP4 (1990) pp.353-362.
11) 飯田喜介，当舎勝次，ショットピーニング加工層のかたさ分布と加工軟化，精密機械 41(8)(1975) pp.796-801.
12) 松井勝幸，神泰行，浸炭歯車の疲労破壊に対するショットピーニングの効果，ショットピーニング技術 27(2)(2015) pp.98-107.
13) 新東工業㈱ 資料（加工部品例）
14) 新東工業㈱ 資料（圧力容器実施例）
15) 原田泰典，ショットピーニングによる表面加工，粉体技術　10(3)(2018) pp.30-35.
16) 青木勇，田熊文人，曲谷光正，ピーニング面のトライボロジ，ショットピーニング技術 3(3)(1992) pp.146-147.
17) Iida K.，Miyazaki K.，Peening Effect on Flow Resistance of Air，Proceedings of ICSP4 (1990) pp.73-82.
18) 山田毅，高橋孝幸，池田誠，杉本周造，太田高裕，コンチネンタルビジネスジェット主翼インテグラルスキンのショットピーン成形技術開発，三菱重工技報 39(1) (2002-1) pp.36-39.
19) 原田泰典，ショットピーニングの接合への適用，塑性と加工 49(567)(2008) pp.281-287.
20) 原田泰典，軽金属材料へのショットピーニング，軽金属 56(12)(2006) pp.730-736.

# 第2章
# 材料強度の基礎とピーニング効果

ショットピーニングは，主に金属材料の疲労強度向上，応力腐食割れの防止，転がり疲労強度や耐摩耗性の向上等のために適用される．そこで，本章では，金属材料の疲労，応力腐食割れ，転がり疲労等の材料強度の基礎に加え，破壊や破損の防止に対するピーニングの効果について概説する．

## 2.1　金属の疲労現象と疲労強度の向上

### 2.1.1 疲労強度の定義と特徴

金属疲労とは，金属材料において，静的に負荷されても破損が生じないような大きさの荷重であっても，その荷重が繰返し負荷されることにより，き裂が発生し，それが進展して生じる破壊現象である．通常は，部材に目立った変形がなく，使用開始後，長期間を経た後に破壊が生じることが多いため予測することが難しい．一般に疲労き裂の進展では塑性変形がき裂先端の近傍に限られるため，大きな変形を伴わず，疲労破面は滑らかである．疲労破面上では，き裂進展速度の違いなどにより破面粗さが異なるだけでなく，応力変動があると，変動時のき裂前縁の位置を表すビーチマークが現れる．またき裂が異なった面を進展すると，その境界は段をなし，き裂進展方向に沿った放射状模様が見られることもあるので，これらの特徴を利用すれば，き裂の発生起点を知ることができる．

一般的に，繰返し荷重が作用する場合の材料の強度を疲労強度と呼ぶ．部材の疲労強度を知るために疲労試験が行われる．実働荷重下では，平均応力や応力振幅が変動する荷重が部材に負荷されることが多いが，通常の疲労試験では，単純化のために**図2.1(a)** に示すように，平均応力 $\sigma_m$ を一定にして，一定の応力振幅 $\sigma_a$ を試験片に加えることによって実施される．平均応力の程度を表す指標として，最大応力 $\sigma_{max}$ と最小応力 $\sigma_{min}$ の比である応力比 $R= \sigma_{min}/\sigma_{max}$ が用いられる．

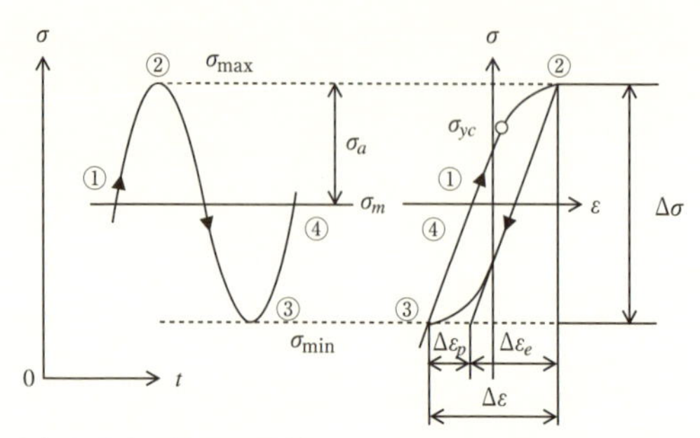


(a) 応力と時間の関係　　(b) 応力とひずみの関係

**図2.1　疲労試験における応力の定義** [1)]

**図 2.1(b)** は，応力幅$\Delta\sigma = 2\sigma_a$とひずみ幅$\Delta\varepsilon$の関係を示している．ここで，$\Delta\varepsilon$は，弾性ひずみ成分$\Delta\varepsilon_e$と塑性ひずみ成分$\Delta\varepsilon_p$の和である．後述の高サイクル疲労では，$\Delta\varepsilon_p$の値は小さいので，$\Delta\varepsilon = \Delta\sigma / E$と考えることができる．ここで，$E$はヤング率である．

代表的な疲労試験方法は，試験片軸方向に荷重を繰返し負荷する引張圧縮，繰返し曲げモーメントを板状試験片に負荷する平面曲げ，一定の曲げモーメントを負荷させた丸棒を回転させる回転曲げ，繰返しねじりモーメントを負荷する繰返しねじりなどがあり，部材に負荷される荷重の形式を考慮して試験方法が選定される．

## 2.1.2 高サイクル疲労

通常，疲労試験結果は，**図 2.2** に示すように，繰返し応力の振幅$\sigma_a$と破断までの繰返し数$N_f$の関係として整理される．縦軸の応力は最大応力$\sigma_{max}$や応力幅$\Delta\sigma$がとられる場合もある．この線図はS-N 線図またはS-N 曲線と呼ばれる．S-N 線図では，通常，横軸は対数目盛とする．縦軸は普通目盛りとする場合が多いが，対数目盛としても良い．図中の矢印は，その繰返し数まで破断しないまま試験を終了したことを表している．鉄鋼材料の場合には，**図 2.2(a)** に示すように，$10^6$ ～ $10^7$ 回程度で，S-N 曲線がほぼ水平となる応力がある．この応力を疲労限度と呼び，これ以下の応力では疲労破壊しないことを意味する．しかし，例えばアルミニウム合金のような非鉄合金の一部や，鉄鋼材料においても腐食環境下では，**図 2.2(b)** に示すように，S-N 曲線の水平部が生じない場合が有り，このような場合には，厳密な意味での疲労限度は定義できない．そのため，一般的には，指定の繰返し数（多くは$10^7$回）での応力を時間強度として評価する．

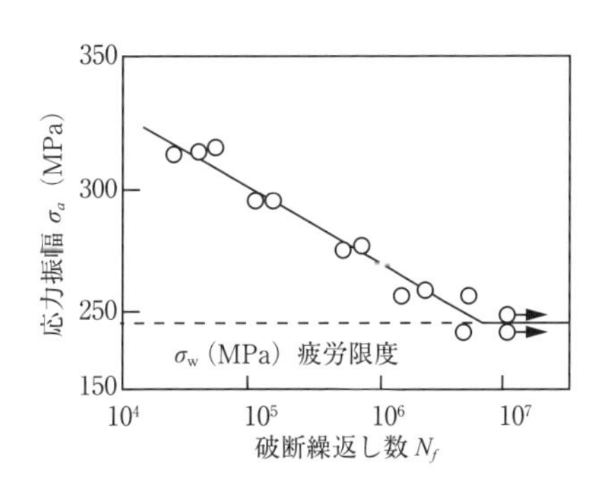

(a) 炭素鋼の代表的S-N 曲線

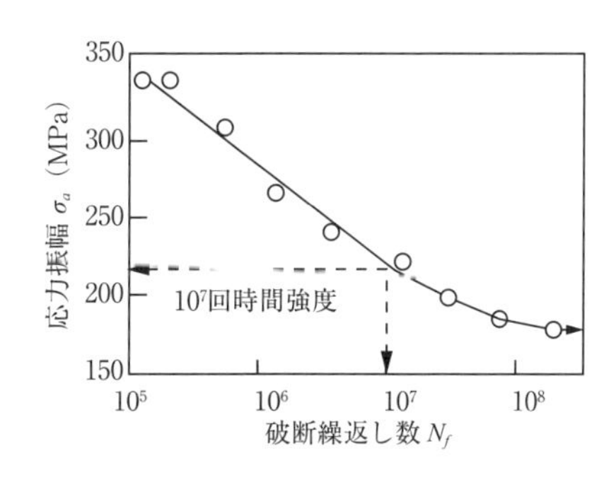


(b) アルミニウム合金の代表的S-N 曲線

**図 2.2　S-N 線図の例** [2)]

### 2.1.3　疲労き裂発生と進展のメカニズム

**図 2.3** は典型的な疲労破壊の過程の模式図を示している．一般にき裂発生過程を含めて，すべり帯に沿う初期のき裂進展過程を第Ⅰ段階，それに引続く引張応力に依存したき裂進展過程を第Ⅱ段階のき裂進展と称している．一般の構造物の疲労設計においては，疲労寿命はき裂発生寿命とき裂進展寿命に分けて考える必要がある．すなわち，比較的小さい要素では疲労き裂進展寿命は短く，き裂発生が早期に要素の破壊を導くため，疲労き裂発生寿命により設計を行う場合が多い．材料表面に微小欠陥等が存在する場合には，第Ⅰ段階の疲労き裂の発生過程が省かれるため，微小欠陥の寸法に依存して疲労限度が低下する．また，高強度鋼や高強度アルミニウム合金等の場合には，材料内部の非金属介在物等から疲労破壊が生じる場合があるため注意が必要である．

一方，大型構造物や航空機等では，き裂進展寿命が長いため，疲労き裂が発生してもただちに破壊に至ることは少ない．したがって，後述するように，疲労き裂進展過程を理解したうえで，き裂進展寿命を考慮した設計やショットピーニング等による延命を行うことができる．

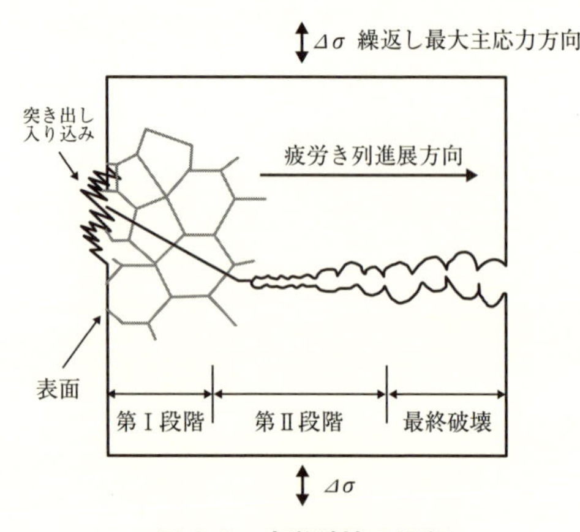


**図 2.3　疲労破壊の過程**

### 2.1.4　高サイクル疲労強度に対する影響因子

ショットピーニングの主要な目的として高サイクル疲労強度の向上が挙げられる．本節では，ショットピーニングの最適化において重要となる，高サイクル疲労強度に及ぼす影響因子について解説する．

(a) 引張強さおよび硬さ

材料の引張強さおよび硬さは疲労強度と良い相関があることが知られている．**図**

**2.4** に，鉄鋼材料における引張強さと疲労限度の関係を示す．引張強さ$\sigma_{\mathrm{B}}$と回転曲げ疲労試験で求めた疲労限度$\sigma_{w0}$との間には$\sigma_{w0} \cong 0.5\,\sigma_B$の関係が成り立つことが知られている．一方，アルミニウム合金や銅合金では$\sigma_{w0} \cong 0.45\sigma_B$と若干低い値をとる．さらに，ビッカース硬度計で得られるビッカース硬さ$HV$と疲労限度$\sigma_{w0}$との間には$\sigma_{w0} \cong 1.6HV$の関係が成り立つことが知られている[3)]．

これらの式より，ショットピーニングによる加工硬化や熱処理等により部材の硬さを向上すれば，それにともない部材の疲労強度は上昇することになる．しかし，$\sigma_B$が1200MPa程度以上（または$HV$が400程度以上）であれば，$\sigma_{w0}$を過大評価する場合がある．これは，非金属介在物等が欠陥として作用し，疲労き裂の発生起点となるためである．

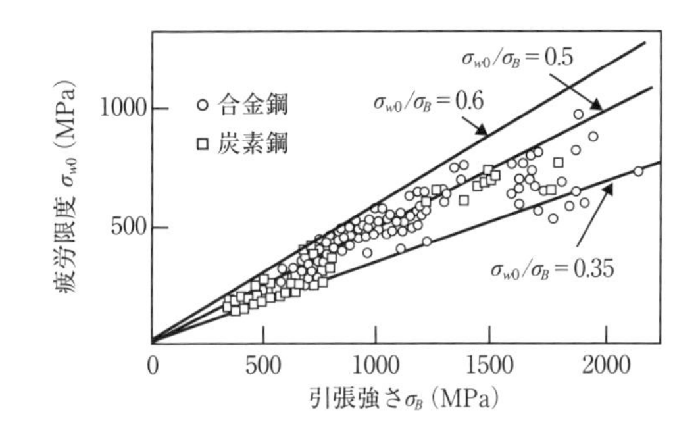


**図 2.4　鉄鋼における引張強さと疲労限度の関係**

(b) 切欠き効果

機械部材に存在する段付部，穴，みぞなどを一般に切欠きという．部材の疲労破壊の多くは，切欠き部を起点とするために，切欠き効果を理解することは実用上重要である．引張りを受ける円周切欠きを有する丸棒の応力分布を**図 2.5** に示す．切欠き部では図よりも明らかなように局部的に高い応力を生じており，これを応力集中という．切欠き部の最大応力$\sigma_{\max}$の公称応力$\sigma_n$に対する比$\alpha = \sigma_{\max}/\sigma_n$を応力集中係数という．$\alpha$は切欠きの鋭さを表す無次元係数であり，負荷様式と切欠き形状により決まる．$\alpha$はハンドブックを参照して求めることができる．

切欠きは疲労限度を低下させる．疲労限度の低下の程度を表す尺度として切欠係数$\beta = \sigma_{wk}/\sigma_{w0}$が用いられる．ここで，$\sigma_{w0}$は平滑材の疲労限度であり，$\sigma_{wk}$は切欠材の疲労限度である．**図 2.5** は切欠係数$\beta$と応力集中係数$\alpha$との関係である．引張強さの異なる材料の結果も合わせて示しているが，一般に$\alpha$が小さい領域では材料によらずほぼ$\beta = \alpha$となる．しかしながら，$\alpha$が大きくなると$\beta$は$\alpha$の増加ほど上昇せず$\beta < \alpha$となるようになる．$\beta$が$\alpha$より小さくなるおもな原因は切欠底近傍の応力こう

配であり，疲労限度は切欠底の一点における最大応力のみにより定まるのではなく，ある領域にわたる応力分布により定まるためである．

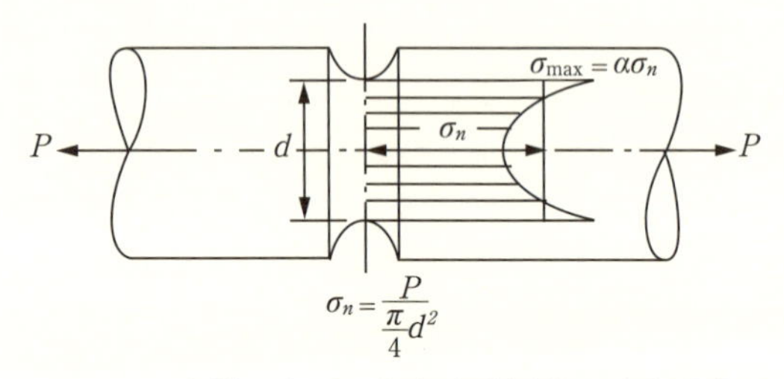


**図 2.5　丸棒における切欠き底近傍の応力分布**

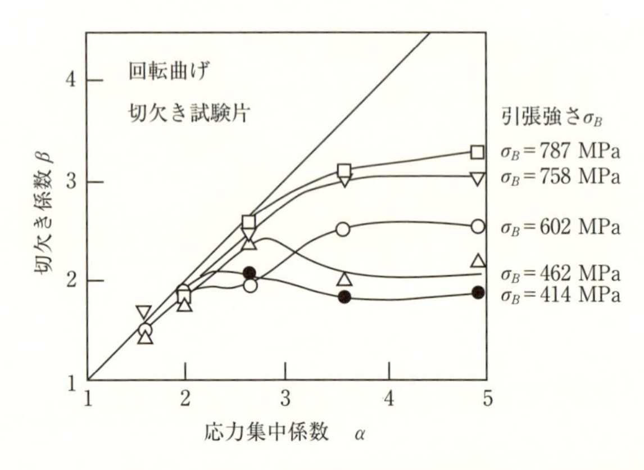


**図 2.6　引張強さ$\sigma_B$が異なる材料における応力集中係数$\alpha$と切欠き係数$\beta$の関係** [4]

(c) 微小欠陥および介在物

疲労き裂は，部材が有する何らかの欠陥（表面欠陥，非金属介在物，鋳造欠陥等）を起点として発生する場合が多い．欠陥寸法が大きくなるほど疲労限度が低下するため，欠陥寸法の大きさから疲労限度$\sigma_w$を推定する方法が提案されている．欠陥を最大主応力方向に投影したときの面積 *area* の平方根$\sqrt{area}$ (μm) とビッカース硬さ *HV* を用いて，微小欠陥を有する材料の両振り ($R$ = -1) の疲労限度$\sigma_w$(MPa) を，次式を用いて予測できる [3]．

$$\sigma_w \cong \frac{F_{loc}(HV+120)}{\sqrt{area}^{1/6}} \tag{2.1}$$

この方法は村上らによって提案された方法であり，$\sqrt{area}$ パラメータモデルと呼ばれている．ここで，$F_{loc}$ は微小欠陥やき裂の位置により変化する係数であり，$F_{loc}$ =1.43（表面），1.56（内部），1.41（表面に接する位置）となる．この方法は，非金属介在物が疲労強度に及ぼす影響を評価する際に有用となる．式（2.1）は平均応力（残留応力）の影響を考慮できるように拡張されており，ショットピーニングが施工されたばね鋼においても有用性が報告されている[5]．

### (d) 表面粗さ

表面に存在する凹凸は，ある寸法を超えると表面欠陥と同等に作用するため，表面が粗くなるほど疲労限度は低下する．材料の欠陥感受性は硬さの上昇とともに増大するので，硬い材料ほど表面粗さが疲労限度に及ぼす影響は大きいことになる．なお，表面粗さを等価な$\sqrt{area}$に換算することで，式（2.1）を用いて疲労限度を予測する方法が提案されている[6]．ショットピーニングを施工した場合に生じる凹凸が過度になった場合に疲労強度が低下する場合があるが，この効果も$\sqrt{area}$パラメータモデルで評価できることが報告されている[5]．

### (e) 寸法効果

曲げやねじりを受ける部材では，寸法が大きくなると疲労強度は低下する．この現象を寸法効果という．疲労強度は小形試験片で求められる場合が多いため，その値をそのまま大きな部材の設計に使うと危険側の設計になる．寸法効果が生じるおもな理由は，応力こう配および試験片表面積である．**図 2.7** に模式図を示すように，試験片表面での最大応力が等しくとも，直径が減少するにつれて応力こう配は急になり，破壊起点となる表面層の応力は低下し，疲労強度が上昇すると考えられている．さらに，試験片表面積が増加することにより，破壊の起点となる表面欠陥の存在確率が増し，その結果疲労強度が低下する．一方，引張圧縮の試験結果には寸法効果が顕著でないことが知られている．さらに，これらの現象は，曲げやねじりを受ける場合に，ショットピーニングが特に有用であることを示唆している．

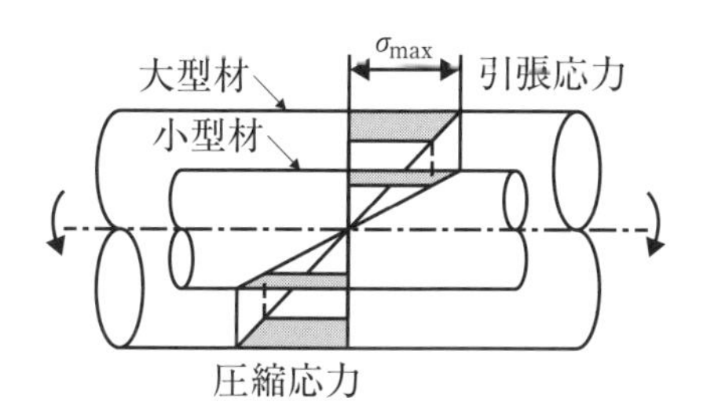


**図 2.7　曲げ部材における応力勾配**

### (f) 平均応力

疲労限度の値は平均応力の大きさに依存する．一般に引張りの平均応力は疲労限度を低下させるが，圧縮の平均応力は疲労限度を上昇させる．**図2.8**に示すように，この効果を，疲労限度における応力振幅 $\sigma_a$ と平均応力 $\sigma_{\mathrm{m}}$ の関係として示したものを疲労限度線図と呼んでいる．代表的な疲労限度線図として，以下のものがある．

$\sigma_a - \sigma_{\mathrm{T}}$ 線：$\sigma_a = \sigma_w(1 - \sigma_m/\sigma_T)$ (2.2)

Gerber 線図：$\sigma_a = \sigma_w[1 - (\sigma_m/\sigma_B)^2]$ (2.3)

修正 Goodman 線図：$\sigma_a = \sigma_w(1 - \sigma_m/\sigma_B)$ (2.4)

Soderberg 線図：$\sigma_a = \sigma_w(1 - \sigma_m/\sigma_y)$ (2.5)

ここで，$\sigma_T$ は真破断応力，$\sigma_y$ は降伏点，$\sigma_B$ は引張強さ，$\sigma_w$ は両振り疲労限度である．

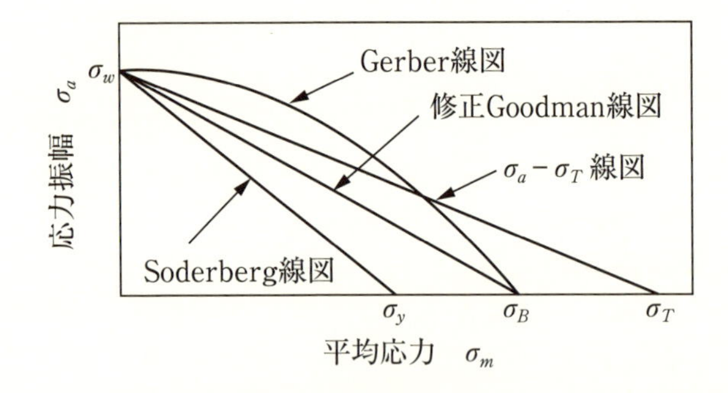


**図2.8　疲労限度線図**

### (g) 残留応力

外力の作用がない状況で部材の内部に生じている応力のことを残留応力という．残留応力は，様々な機械加工，熱処理，接合の工程で生じる．疲労強度に及ぼす残留応力の影響は，外力によって減衰しない場合には，平均応力の影響と同様に扱うことができる．したがって，**図2.8**に示した疲労限度線図上で疲労限度の評価ができる．ただし，残留応力と負荷応力の和が材料の降伏応力を超えた場合には，残留応力の値は減少するため，注意が必要である．ショットピーニングなどの表面改質処理で導入された圧縮残留応力の効果により，第I段階から第II段階の疲労き裂進展の遷移や，第II段階における疲労き裂の進展を抑制あるいは阻止できる．この効果により，後述のように疲労限度の向上や表面欠陥の無害化が達成される．

### 2.1.5　低サイクル疲労

破断繰返し数が $10^4$ 回程度以下である領域を低サイクル疲労という．この領域では通常，延性材料では応力が降伏応力を超えるため塑性変形を生じ，**図 2.1(b)** に示したような応力－ひずみヒステリシスループを描く．低サイクル疲労では，**図 2.1(b)** における $\Delta\varepsilon p$ が $10^{-3}$ 以上となる領域では，$\Delta\varepsilon p$ の値を無視できない．このような領域では，疲労寿命は応力ではなく，ひずみに対して整理する方法が一般的である．

実機においてひずみゲージで計測されるひずみは，**図 2.1(b)** における全ひずみ幅 $\Delta\varepsilon$ である．そこで，$\Delta\varepsilon$ に基づく低サイクル疲労における寿命式が有用である．Manson は，多数の材料のデータを整理した結果，以下の式で示される共通勾配法を提案した[7]．

$$\Delta\varepsilon = \frac{3.5\,\sigma_B}{E}\,N_f^{-0.12} + \varepsilon_f^{0.6}\,N_f^{-0.6} \tag{2.6}$$

ここで，$\sigma_B$ は引張強さ，$E$ はヤング率，$\varepsilon_f$ は真破断ひずみ，$N_f$ は疲労寿命である．$\varepsilon_f$ は次式で計算することができる．

$$\varepsilon_f = ln\left(\frac{100}{100-\mathrm{R.A.}}\right) \tag{2.7}$$

ここで，R.A.(%)は引張試験で得られる絞りの値である．式(2.6)は，引張圧縮応力下での $N_f$ とひずみ幅 $\Delta\varepsilon$ との関係を，広い $\Delta\varepsilon$ の範囲にわたり表現できる式である．しかし，実機配管のような多軸応力を受ける部材の $N_f$ に対しては，式(2.6)による疲労寿命予測結果は非保守的な評価値を示す．そこで，多軸応力状態を考慮して，低サイクル疲労寿命が評価できる修正共通勾配法が提案されている[8]．なお，低サイクル疲労領域で使用される部材にショットピーニングを行う場合には，圧縮残留応力の減衰が予想されるため注意する必要が有る．

### 2.1.6　疲労き裂進展

2.1.3 節で述べたように，疲労破壊過程は，第Ⅰ段階のき裂発生と第Ⅱ段階のき裂進展の過程に分けることができる．き裂進展の過程では，応力拡大係数 $K$ に着目することにより，疲労き裂進展を評価することができる．**図 2.9** のように，遠方で引張応力 $\sigma$ を受ける無限板中の全長 $2a$ のき裂では，き裂先端部の力学的厳しさを，応力拡大係数 $K$ を用いて表す．

$$K = F\sigma\sqrt{\pi a} \tag{2.8}$$

ここで，$K = (\mathrm{MPa}\sqrt{\mathrm{m}})$ は次式で示すように，応力 $\sigma$ (MPa)に比例し，き裂長さ $a$ (m)の 1/2 乗に比例する物理量である．ここで $F$ は形状補正係数と呼ばれる無次元数であり，き裂の形状や負荷条件により決まる．**図 2.9** のような無限板中におけるき裂では，$F = 1$ となる．

より一般的なき裂の場合には，$F$値はハンドブックを参考に決めることができる．

**図2.9　引張応力を受ける無限板中のき裂**

いま，無限板中の疲労き裂が繰返し応力$\Delta\sigma$を受けて進展すると考える．き裂先端の塑性域寸法がき裂長さに対して十分に小さく，小規模降伏条件を満たしているのであれば，これまでの多くの研究成果から，疲労き裂進展速度$\mathrm{d}a/\mathrm{d}N$は次式で示す応力拡大係数範囲$\Delta K$と強い相関があることが知られている．

$$\Delta K = F\Delta\sigma\sqrt{\pi a} \tag{2.9}$$

**図2.10**は，$da/dN$と$\Delta K$の関係を両対数グラフ上の模式的に示したものである．この図は応力比$R$が正となるような条件下でのき裂進展を想定したものである．それぞれ，第IIa領域，第IIb領域および第IIc領域と呼ばれる．

第IIa領域では，$\Delta K$を小さくしていくと，$da/dN$が急速に低下していく領域があり，$\Delta K < \Delta K_{th}$では$da/dN = 0$となり，き裂が進展しなくなる．$\Delta K_{th}$は下限界応力拡大係数範囲とよばれ，き裂材の疲労限度に相当する重要な材料特性である．一方，第IIc領域では，き裂進展速度が速い領域であり，$K_{fc}$は疲労破壊靭性値と呼ばれる値である．第IIb領域は，**図2.10**に示されるように，両対数グラフ上で直線近似でき，その勾配を$m$とすると，以下の式で表すことができる．この法則をParis則と呼ぶ[9]．

$$\frac{da}{dN} = C(\Delta K)^m \tag{2.10}$$

式(2.9)に示したように，$\Delta K$はき裂長さ$a$の関数である．そこで，式(2.10)に式(2.9)

を代入して積分すると，き裂が長さ $a_i$ から $a_f$ まで進展する間の寿命 $N$ を，次式のように計算することができる．

$$N = \frac{1}{C\left(F\Delta\sigma\sqrt{\pi}\right)^m\left(\frac{m}{2}-1\right)}\left(\frac{1}{a_i^{\frac{m}{2}-1}}-\frac{1}{a_f^{\frac{m}{2}-1}}\right) \quad (m \neq 2) \tag{2.11}$$

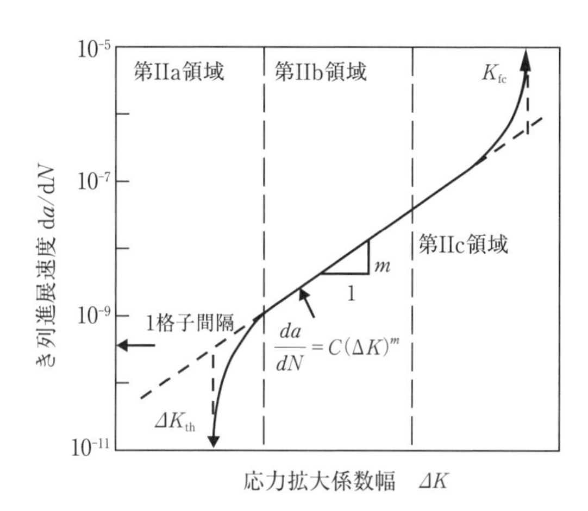


**図 2.10　疲労き裂進展特性**

## 2.1.7　疲労強度向上手法

疲労き裂は一般に部材の表面を起点として生じるため，表面状態によってその疲労強度は大きく異なる．部材の疲労強度を向上させるために，様々な表面処理が行われている．表面処理により，疲労強度を向上させる際には，主に表面硬さ，表面粗さ，残留応力の3つの因子の影響を考慮する必要がある．表面処理方法としては，熱処理によるものと機械的表面処理によるものに大別できる．熱処理による表面処理としては，高周波焼入れ，浸炭，窒化などがある．これらは表面硬さを上昇させるとともに，表面部に大きな圧縮残留応力を付与するため，疲労限度は著しく向上する．機械的表面処理方法としては，ショットピーニングだけでなく，ロール加工により部材表面を局所的に塑性変形させる方法が良く知られている．ロール加工では，表面の粗さが改善されるとともに，圧縮残留応力が生じるので有効である．ショットピーニングに比べて施工は困難であるが，大型の部材などに用いられている．

### 2.1.8　ショットピーニング技術

前述のとおり，疲労強度向上技術として，ショットピーニングが幅広く用いられている．ショットピーニングを行った際の表面近傍の残留応力分布を**図 2.11** に示す．図に示すように表面から内部に向かって残留応力が分布していることが分かる．疲労強度を向上させるためには，最表面の圧縮残留応力の絶対値を大きくするとともに，できるだけ深い圧縮残留応力を導入することが効果的である．**図 2.11** に示すとおり，投射材の粒径が大きくなるほど深くまで圧縮残留応力が導入される．しかし，表面近傍の圧縮残留応力は減少する．粒径が小さい場合には，圧縮残留応力の深さは浅くなるが，表面近傍の圧縮残留応力は高くなる．そこで，一段目に粒径が大きいショットを用いて深い圧縮残留応力を付与した後，二段目に粒径が小さいショットを用いて表面の圧縮残留応力をさらに増加させる二段ピーニングが行われている．圧縮残留応力のピーク値を表面近傍にできるとともに，表面粗さが低減するため，疲労強度が大きく向上する．

応力ショットピーニングとは，被加工材の表面に引張応力を負荷した状態で行うショットピーニング方法である．ピーニング後に引張応力を除くと，材料のスプリングバックの効果により，付与された圧縮残留応力は，通常のショットピーニングに比べて大きな値を示す[9]．この結果，疲労強度が大きく向上する．

温間ショットピーニングとは150~300℃程度の温度域で，ショットピーニングを行う方法である．温間ショットピーニングでは，材料の塑性変形抵抗が低下するために，室温でショットピーニングを行うよりも，深くて大きな圧縮残留応力が導入され，鉄鋼材料の疲労強度が向上する[10]．

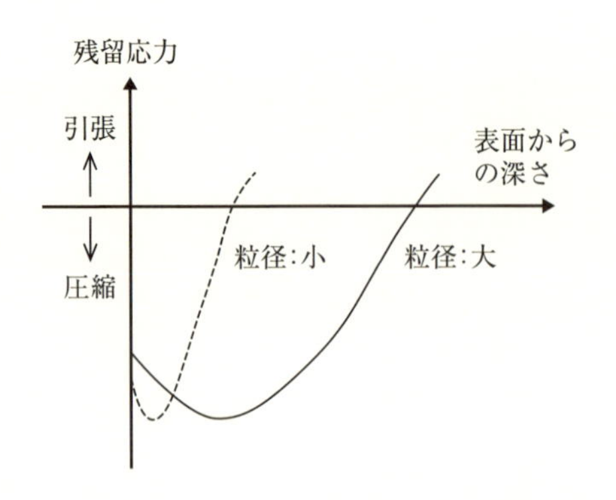


**図 2.11　ショットピーニングで導入される残留応力の分布**

### 2.1.9　表面欠陥の無害化

表面欠陥を有する材料にショットピーニングを施すことにより，疲労限度の向上，さらには表面欠陥を無害化することができれば，部材の信頼性の大幅な向上および部材の低コスト化を達成できるであろう．近年，ショットピーニング[11-13]やキャビテーションピーニング[14]を施すことにより，人工表面欠陥を有する高強度鋼の疲労強度を向上できるとともに，表面欠陥を疲労強度上無害化できることが明らかにされている．

**図 2.12** に，き裂状の半円スリットを有するばね鋼 SUP9A の試験片にショットピーニング(SP)および応力ショットピーニング(SSP)を施工した後，平面曲げ疲労試験が行われた結果を示す[12]．同図には，負荷応力振幅 $\sigma_a$ とスリット深さ $a$ の関係を示す．非破断の試験片において，最大の応力振幅が疲労限度に相当している．未処理材では，半円スリット深さの増加に伴い，疲労限度が大幅に低下することが分かる．しかし，SP 材および SSP 材では，未処理材に対して疲労限度が大幅に向上する．**図 2.12** 中にアスタリスクを付した試験片は，半円スリット以外から破断したことを示している．SP 材および SSP 材では，スリット深さが 0.2mm 以下であれば，すべての試験片が半円スリット以外から破断した．したがって，これらの試験片は無欠陥材の疲労限度と等価と考えることができる．したがって，SP および SSP を施すことによって，未 SP 材では有害であった深さが 0.2mm までの半円スリットを無害化できることが明らかとなった．

なお，無害化可能な表面欠陥寸法は，残留応力分布と負荷応力等の条件をもとに，予測することが可能である[12]．無害化可能な欠陥寸法はおもにき裂深さに依存し，アスペクト比の影響は小さいことが明らかになっている[15]．

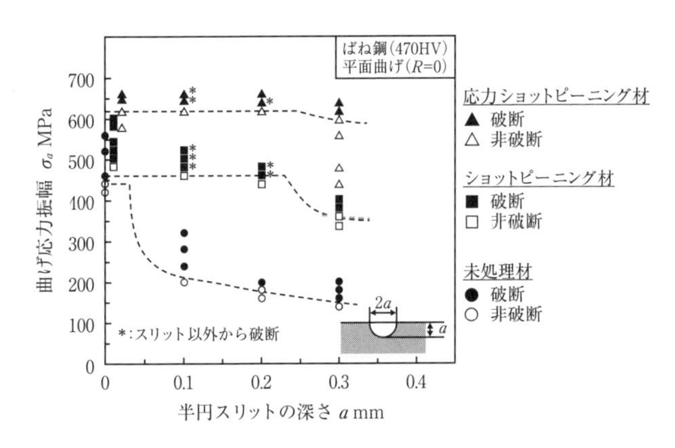


**図 2.12　ばね鋼の曲げ応力振幅とスリット深さの関係[12]**

## 2.2　応力腐食割れの防止

### 2.2.1　応力腐食割れの分類と特徴

応力腐食割れ（Stress Corrosion Cracking : SCC）とは，金属材料が引張応力の下で環境の影響を受けて，き裂が進展し破壊する現象をいう．オーステナイト系ステンレス鋼，高強度鋼および高強度アルミニウム合金などで問題となる．SCCは，材料，環境および引張応力の3要因が重畳することによって生じる．SCCは，腐食ピットなどの応力集中部で生じた金属の新生面においてアノード溶解が生じて割れが進行する活性経路型SCCと，金属内に吸蔵された水素が介在物や析出物などに集積して割れが進行する水素ぜい化型SCCに大きく分類される．狭義には，活性経路型SCCをSCCとして取り扱う場合が多い．水素ぜい化型SCCは，高強度鋼の遅れ破壊の要因となることがある．

SCCの特色として，(1)合金において生じ，不純物が含まれない純金属では生じにくい，(2) 引張応力（引張残留応力を含む）の下で生じ，圧縮応力（圧縮残留応力を含む）の下では生じない，(3) 合金に特有の腐食環境中で生じる，(4) 全面腐食が生じないような場合でもSCCは生じる，等が挙げられる．

### 2.2.2　環境と材料面からの応力腐食割れの防止方法

前節で述べたように，SCCは，材料，環境および引張応力の3要因が重畳することによって生じるため，これらのうち少なくとも一つを取り除くことによって防止できる．ステンレス鋼は，高耐食性合金であるが，活性経路型SCCが生じやすい．そこで，本節では，ステンレス鋼を中心に，環境と材料面からのSCCの防止方法について説明する．

#### (a) 環境面からのSCCの防止方法

例えば，オーステナイト系ステンレス鋼においては，$Cl^-$イオンや溶存酸素の濃度を低減することや，有害なイオンの濃縮が生じるすきま構造を避けるなど，環境および構造面の注意を図ることが必要である．さらに，カソード防食やインヒビタの添加によりSCCを防止することが行われている．

#### (b) 材料面からのSCCの防止方法

例えば，ステンレス鋼では，フェライト系，オーステナイト・フェライト二相系あるいは低炭素オーステナイト系などの，SCCを生じにくい材料を用いることがSCC防止対策となる．また，オーステナイト系ステンレス鋼では，特に溶接部においては，溶接によって生じる引張残留応力と熱影響部における鋭敏化の影響との相乗により

SCC が生じやすい．鋭敏化とは，材料が SCC に対して感受性を持つことを意味する．溶接時の加熱冷却により 600 ～ 800℃にさらされると，その領域で固溶 C と Cr が反応して結晶粒界に沿って Cr 炭化物が生成し，Cr 濃度が低い領域が生じる．この領域では安定した保護被膜の形成が阻害される．炭素含有量を減らし Cr 炭化物の生成を抑制することを目的に低炭素ステンレス鋼が開発されている．さらに，溶接後の固溶化熱処理は，鋭敏化を軽減することや，引張残留応力の低減に効果がある．

### 2.2.3 応力の面からの防止方法

応力腐食割れの応力面からの要因は，引張りの作用応力によるものと，引張残留応力によるものに分類できる．前者が要因の場合には，引張りの作用応力を低減することにより応力腐食割れを防止することができる．引張残留応力が要因となる場合には，以下に述べる方法により引張残留応力を低減させることが有効である．

#### (a) ショットピーニング等による残留応力の改善

ショットピーニングにより，材料表面の引張残留応力を低減し，圧縮残留応力に変化させることにより SCC の発生および進展を防止することができる．したがって，各種プラントの SCC 防止対策としてショットピーニングをはじめとするピーニングが用いられている．近年では，4 章で述べるウォータージェットピーニング，レーザーピーニング，超音波ピーニングおよびニードルピーニングなどが開発され，主として，既存の機器の溶接部の引張残留応力の低減に活用されている．これらのピーニングによる応力改善手法は，SCC の防止だけではなく疲労き裂の発生抑制にも最適な方法である．

#### (b) 熱処理による残留応力の改善

種々の熱処理を行うことにより，部材の SCC を防止することが行われている．ステンレス鋼を溶接した後に固溶化熱処理を行うことにより，熱影響部における鋭敏化を軽減するとともに，引張残留応力を低減することができる．

## 2.3　転がり疲労強度および耐摩耗性の向上

### 2.3.1　転がり疲労の特徴

歯車や転がり軸受けなどに見られる転がり接触部では，表面近くの材料が疲労破壊を起こし，はく離することがある．はく離は，その大きさ，形態，部材の種類等により，フレーキング，ピッチング，スポーリング，シェリング等と呼ばれる．これらの現象を，転がり疲労あるいは面圧疲労と呼ぶ．転がり疲労により生じるはく離は，それが軽微であっても機械部品の機能の低下をもたらすとともに，接触の繰返しによりさらに大きな損傷に至る場合があり，機械等の安定作動を不可能にする．

転がり疲労のき裂には，表面起点き裂と内部起点き裂がある．潤滑油膜の厚さが表面粗さに比べて薄い場合には，表面突起間の直接接触が生じ，表面起点き裂が発生する．一方，潤滑油膜により接触面間が分離され，接触面間の直接接触が妨げられている場合には，内部起点き裂が発生すると考えられている．

転がり疲労に対して，非接触の場合の疲労現象と同様に，疲労き裂の発生と進展の両過程に分けて考えることが現象の理解の助けとなる．すなわち，疲労き裂の発生を防止することが最も重要である．そのために，疲労き裂の発生源となるような表面キズや材料内部の非金属介在物の寸法を小さく制御することが重要である．さらに，発生した疲労き裂の進展を抑制することも転がり疲労強度を向上させる上で重要である．

### 2.3.2　転がり疲労強度の向上

ショットピーニングによる転がり疲労強度向上に関する研究は，これまでにも多く行われている．これらの試験の方法は，歯車を主な対象としたローラーピッチング試験と，軸受を主な対象としたスラスト型疲労試験が行われている．前者においては，すべりが生じるが，後者ではすべりが生じないという違いがある．

クロム鋼SCr420の浸炭材および浸炭窒化材にショットピーニングを行った後，スラスト荷重型の転がり疲労試験が行われ，ショットピーニングを行うことにより，転がり疲労寿命が浸炭材では約10倍向上し，浸炭窒化材では約2倍向上することが報告されている[16)]．しかし，ショットピーニングによる粗さの増加が顕著な場合には，転がり疲労寿命の向上効果が少ないことが報告されている[17)]．したがって，摺動部材にショットピーニングを適用する場合には，表面粗さの増加を抑制することが重要である．ショットピーニング後にバレル研磨を行うことにより，歯車の転がり疲労強度を向上できることが報告されている[18)]．ショットピーニングによる圧縮残留応力導入と表面層の加工硬化により，異物混入潤滑下における軸受鋼SUJ2の転がり疲労強度が向上することが報告されている[19)]．

表面粗さを増加させずに，ピーニング可能なキャビテーションピーニングに着目した研究が行われている．クロムモリブデン鋼SCM420の浸炭焼入れ材にキャビテーションピーニングを施工することにより，転がり疲労強度が向上できることが報告されている[20]．

### 2.3.3 耐摩耗性の向上

ショットピーニングを行うことにより，部材表面に圧縮残留応力を導入できるとともに，加工硬化させることができる．本節では，これらの影響について述べる．凝着摩耗やアブレシブ摩耗の理論によると，硬さを増加させることにより摩耗量を抑制することができる．したがって，ショットピーニングによって生じる加工硬化は，摺動部材の耐摩耗性を増加させることができると考えられる．熱処理等で導入された圧縮残留応力が耐摩耗性に及ぼす影響について，多くの研究者により報告されている．Hoらは，軟鋼と高強度鋼にショットピーニング後，表面粗さを揃えるため研磨を施した後，摩耗試験を行い，ショットピーニングで導入された圧縮残留応力は，軟鋼の耐摩耗性にはほとんど影響を及ぼさないが，焼入れを行った高強度鋼の耐摩耗性を向上させることを報告している[21]．Hoらは，ショットピーニングにより導入された圧縮残留応力分布が，摩耗試験により変化しない場合には，ショットピーニングにより導入された圧縮残留応力により耐摩耗性が向上すると結論している[21]．Zammitらは，ショットピーニングにより，表面粗さの増加および加工硬化が生じたにもかかわらず，球状黒鉛鋳鉄の耐摩耗性をほとんど変化させないと報告している[22]．以上のように，材料，ショットピーニング条件および試験条件に依存し，ショットピーニングが耐摩耗性を向上させる場合と，耐摩耗性にほとんど影響を及ぼさない場合がある．

ショットピーニングにより生じる表面粗さの増大は，摩擦係数の増加を招く場合が多い．しかし，投射材として直径が小さい微粒子を用いることにより，表面粗さの増大を抑制できるため，耐摩耗性が要求される部材への微粒子ピーニングの適用が注目されている．微粒子ピーニングにより形成された微小なディンプルが，潤滑油の保持効果を発現することや，摩耗粉を補修する機能を担うことが報告されている[23]．さらに，ショットピーニング後に，ローラーバニシングを行い，表面を平たん化することで，摩耗特件が改善することが報告されている[24]．さらに，投射条件によっては，投射材に含まれる成分の転写による表面改質効果も報告されている[25]．

## 参考文献

1）西島敏，金属疲労とは何か，ばね論文集 2005(50)(2005) pp.91-108.
2）日本機械学会編，機械工学便覧，基礎編 α3，材料力学，丸善 2005.
3）村上敬宜，金属疲労：微小欠陥と介在物の影響，養賢堂 1993.
4）石橋正，金属の疲労と破壊の防止，養賢堂 1967.
5）村上敬宜，小林幹和，牧野泰三，鳥山寿之，栗原義昭，高崎惣一，江原隆一郎，ばね鋼の疲労強度に影響を及ぼす介在物，ショットピーニング，脱炭層，微小表面ピットの総合的評価，ばね論文集 1994(39)(1994) pp. 7-16.
6）村上敬宜，高橋宏治，山下晃生，疲労強度に及ぼす表面粗さの影響の定量的評価：粗さの深さとピッチの影響，日本機械学会論文集 A 編 63(612)(1997) pp.1612-1619.
7）Manson S. S., Fatigue: A complex subject — Some simple approximations, Experimental Mechanics 5(4)(1965) pp.193-226.
8）安藤柱，高橋宏治，松尾和哉，浦部吉雄，二軸応力場に着目したエルボ配管の低サイクル疲労寿命評価，圧力技術 50(4)(2012) pp.184-193.
9）岡田秀樹，丹下彰，安藤柱，ショットピーニング方法の違いによる材料硬さと残留応力分布と降伏応力の関係，圧力技術 41(5)(2003) pp.233-242.
10）丹下彰，小山博，辻博人，ばねの疲労特性に及ぼす温間ショットピーニングの効果，ばね論文集(44)(1999) pp.13-16.
11）高橋宏治，天野利彦，宮本貴正，安藤柱，高橋文雄，丹下彰，岡田秀樹，小野芳樹，人工表面欠陥を有するばね鋼のショットピーニングによる疲労強度向上，ばね論文集 2007(52)(2007) pp.9-13.
12）高橋宏治，天野利彦，花折和也，安藤柱，高橋文雄，き裂状表面欠陥を有する高強度鋼のショットピーニングによる疲労限度向上と表面欠陥の無害化，材料 58(12)(2009) pp.1030-1036.
13）高橋文雄，丹下彰，安藤柱，ショットピーニング処理後に人工ピットを導入したばね鋼の疲労特性，ばね論文集 2008(53)(2008) pp.1-8.
14）福田晋作，天野利彦，高橋宏治，松井勝幸，石上英征，安藤柱，キャビテーションピーニングによる平滑および切欠き試験片の疲労限度向上と表面欠陥の無害化，ばね論文集 2009(54)(2009) pp.1-6.
15）中川真樹子，高橋宏治，長田俊郎，岡田秀樹，古池仁暢，ショットピーニングによる高強度鋼における表面欠陥の無害化（き裂形状の影響），ばね論文集 2014(59)(2014) pp.13-18.

16) 瓜田龍実，中村貞行，岡田義夫，吉田誠，浸炭鋼の転動疲労寿命におよぼすショットピーニングと熱処理の影響，電気製鋼 65(1)(1994) pp.41-49.
17) 吉崎正敏，ショットピーニングが浸炭歯車の歯面性状と歯面強度に及ぼす影響，日本機械学会論文集C編 66(649)(2000) pp.3116-3123.
18) 穂屋下茂，瀬戸清和，浸炭窒化歯車鋼の面圧強度向上に関する研究 ショットピーニング処理とバレル研磨処理の影響，精密工学会誌 66(11)(2000) pp.1766-1770.
19) 定森友也，高橋宏治，古池仁暢，ショットピーニングを施した軸受鋼の異物混入潤滑下における転がり疲労挙動評価，日本機械学会論文集 83(851)(2017) 17-00096.
20) Seki M., Someya H., Fujii M., Yoshida A., Rolling Contact Fatigue Life of Cavitation-Peened Steel Gear, Tribology Online 3(2)(2008) pp.116-121.
21) Ho J.W., Noyan C., Cohen J.B., Khanna V.D., Eliezer Z., Residual stresses and sliding wear, Wear 84(2)(1983) pp.183-202.
22) Zammit A., Abela S., Wagner L., Mhaede M., Grech M., Tribological behaviour of shot peened Cu-Ni austempered ductile iron, Wear 302(1)(2013) pp.829-836.
23) 宇佐美初彦，安藤正文，大河内裕智，表面改質手法としての微粒子ピーニングの適用可能性，トライボロジスト 56(10)(2011) pp.609-615.
24) 佐藤慎哉，宇佐美初彦，転がり軸受の疲労特性に及ぼすショットピーニングとローラーバニシングの効果，日本機械学会年次大会 2015(2015)S1110103.
25) Kameyama Y., Nishimura K., Sato H., Shimpo R., Effect of fine particle peening using carbon-black/steel hybridized particles on tribological properties of stainless steel, Tribology International 78(2014) pp.115-124.

# 第3章

# 投　射　材

投射材は，噴射加工に用いられるメディアの総称で，その種類は非常に多く，ショットピーニング，砂落し，スケール除去，素地調整，バリ取りなど加工の目的，被加工物の特性などに応じて，使い分けられている[1]．

ショットピーニングは，部品表面に圧縮残留圧力の生成，硬さの上昇などをもたらすことにより疲れ強さ，あるいは耐応力腐食割れ特性などを向上させる加工である[2][3][4][5]．この部品表面に発生する圧縮残留応力，硬さの上昇などは，被加工物の圧縮強さ，硬さなどの被加工物側の要因，および加工面に与えられる運動エネルギーで決まる．運動エネルギーに直接関連する投射材そのものの要因は，投射材の比重，粒度であるが，投射材も被加工物との相対硬さに応じて衝突時に変形し，運動エネルギーを吸収するため投射材の硬さも結果に影響を与える．したがって，ショットピーニング加工では，投射材の比重，粒度，硬さが投射材を選定する際の重要なポイントとなる．その他，運動エネルギーに直接関連する因子ではないが，投射材の形状，表面状態，消耗量なども考慮する必要がある．

投射材の比重は，材質固有である．一般的にはショットピーニングに使用される投射材の材質は，比重よりむしろ他の観点から選択される場合が多く，現在，鋼系，ステンレス系，ガラス系，セラミック系などが主な材質として使用されている[6]．

投射材の粒度は，いずれの材質においても選択可能であるが，なかでも，鋼系の一つである鋳鋼ショットは粒度の選択範囲が広く，数十μmから数mmに渡る広い範囲からの選択が可能である[7]．

投射材の硬さは，基本的にはその材質で得られる硬さに制約される．したがって，熱処理や冷間加工などにより硬さの調整が可能な鋼系ショットが最も硬さの選択範囲が広い．

投射材の形状は，球形が好ましいとされている．投射材に角，あるいはシャープなエッジが存在するとそれらが加工面を傷つけ，疲れ強さを低下させるためである．そのような理由からカットワイヤショットをショットピーニングに使用する場合には，角を丸めた（コンディションされた）ものが用いられている．

投射材の表面状態は，特に鋳鋼ショットで注意が必要である．航空機部品のショットピーニング加工では，鋳鋼ショットの表面を覆っている酸化皮膜が加工面に残留するのを嫌う場合がある．新品の鋳鋼ショットは，使用する前に空打ちをして酸化皮膜を取り除くか，あらかじめ酸化皮膜を取り除いた鋳鋼ショットを購入するなどの配慮が必要である．

投射材の消耗量は，ショットピーニング装置内の粒度分布やランニングコストに影響する．投射材の消耗量は，投射条件，ピーニング機械の状態などの影響も受けるため，消耗量の絶対値は実機テストにより求める必要があるが，実験室的に寿命試験機による投射材間の相対的な寿命として比較測定されている．

## 3.1　投射材の種類

ここでは，ショットピーニングにおいて極めて重要な役割を果たす投射材について，種類ごとに解説する．

ショットピーニングに用いられる投射材には，鋼系，ガラス系，セラミック系などがある．これらの投射材は主に材質により分類されるが，鋼系の投射材は製造方法により，鋳鋼ショットとカットワイヤショットの2種類に明確に分類される．なお，近年では超硬ショットを初めとするユニークな微粒子ショットが開発されている．**表3.1**に，ショットピーニングに用いられる代表的な投射材の特性を示す．

### 3.1.1　鋳鋼ショット

鋳鋼ショットは，溶鋼をアトマイズ法といわれる噴霧により製造された粒子で，炭素含有量の違いから高炭素鋳鋼ショットや低炭素鋳鋼ショットがある．高炭素鋳鋼ショットは一般的にはスチールショットと呼ばれ，焼入れ・焼戻しからなる熱処理により用途に適した組織，硬さに調質される．鋳鋼粒子のため製造過程において内部にはいくらかの欠陥を有するものの，安価でサイズも豊富なため投射材として広く使用されている．一方，低炭素鋳鋼ショットはその金属組織からベイナイトショットとも呼ばれ，炭素含有量が低いため熱処理が難しく，噴霧製造されたままの金属組織や硬さで使用される．**図3.1**に鋳鋼ショットの外観写真を示す．

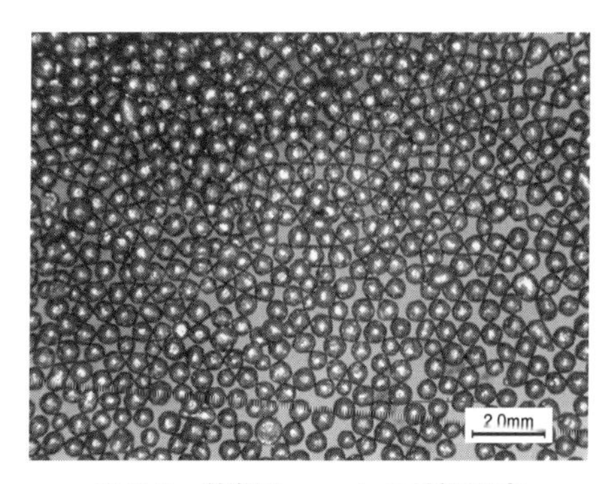


**図3.1　鋳鋼ショットの外観写真**

**表 3.1　ショットピーニングに用いられる各種投射材の特性**

| 投射材 | 硬　さ | 粒　度 | 比　重 |
|---|---|---|---|
| 鋳鋼ショット(微粒子タイプ) | 390 ～ 510HV.<br>700 ～ 900HV | φ 0.045 ～ 0.2mm | 7.45 以上 |
| 鋳鋼ショット | 440 ～ 550HV.<br>500 ～ 620HV,<br>590 ～ 750HV | φ 0.2 ～ 3.0mm | 7.45 以上 |
| カットワイヤショット | 120 ～ 850HV | φ 0.25 ～ 3mm | 7.65 ～ 7.95 |
| ガラスショット | 500 ～ 550HV | φ 0.045 ～ 1.0mm | 2.30 以上 |
| セラミックショット | 640 ～ 1300HV | φ 0.1 ～ 1.0mm | 3.60 ～ 3.95 |
| 超硬ショット | 1300 ～ 1450HV | φ 0.05 ～ 0.1mm | 約 14 |
| アモルファスショット | 900 ～ 950HV | φ 0.05 ～ 0.1mm | |
| FeCrB ショット | 1000 ～ 1200HV | φ 0.02 ～ 0.5mm | 約 7.4 |
| 研磨鋼球 | 57HRC 以上 | φ 1.0 ～約 60mm | 7.65 ～ 7.95 |

### 3.1.2　カットワイヤショット

カットワイヤショットは，線材を直径とほぼ等しい長さに切断して製造されるショットの総称で，単にカットワイヤとも呼ばれる．材質は幅広く，ショットピーニング用途には，鋼およびステンレスが使用されるが，その他に亜鉛，銅，真鍮などもある．鋼製のカットワイヤショットの硬さは原料である鋼線の化学成分（炭素やマンガン含有量），パテンティング処理条件，あるいは線材の引抜加工時の減面率で調整する．

ショットピーニング効果を高めるために，一般的にはあらかじめカットワイヤのエッジを取り除いて多面体形状にしたコンディショオンドカットワイヤショットが用いられる．**図 3.2** に，カットワイヤショットおよびコンディショニングのグレードの異なる形状の外観写真を示す．

(a) カットワイヤ

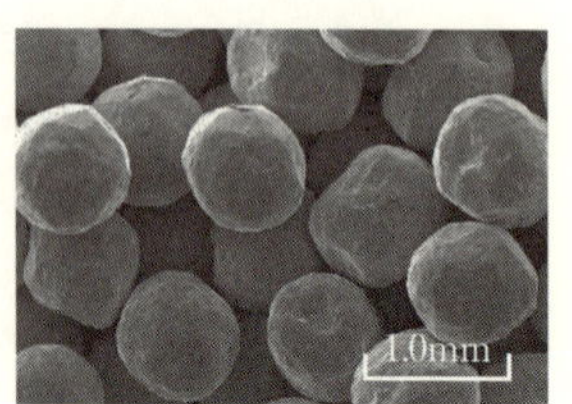


(b) 通常コンディショニング

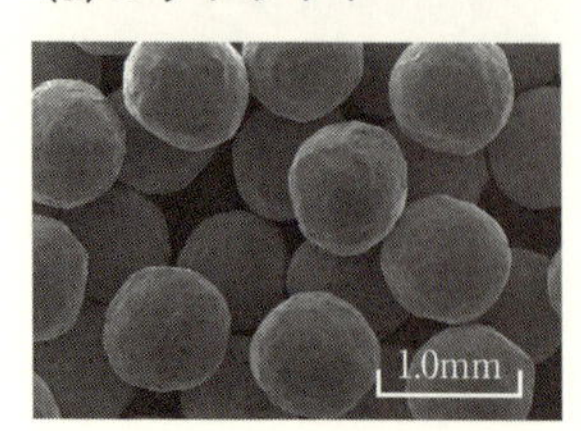


(c) フルコンディショニング

**図 3.2　カットワイヤショットの外観写真**

### 3.1.3　ガラスショット

ガラスショットは，粉砕したガラスを溶融球状化することにより製造されたショットで，ガラスビーズとも呼ばれる．硬さは500～550HV程度で，加工表面に化学的な影響を及ぼすことはないが，破砕したガラス粉末が加工表面に残留しやすい．脆く破砕しやすいため，主に空気式による軽度のピーニング，梨地加工，金型の清掃などに使用される．**図3.3**にガラスショットの外観写真を示す．

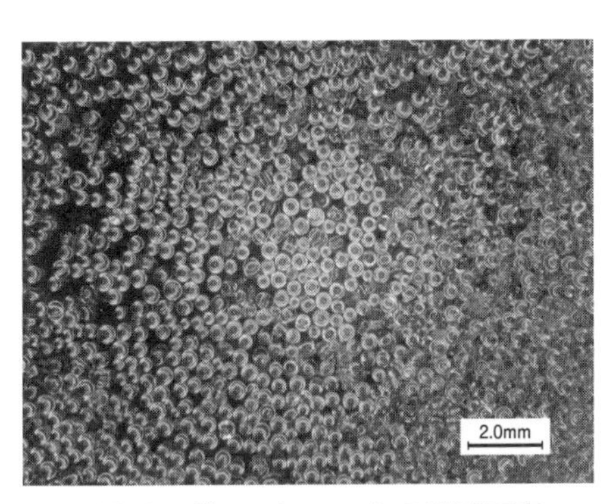


**図3.3　ガラスショットの外観写真**

### 3.1.4　セラミックショット

セラミックショットは，ジルコニア系，アルミナ系などのショットの総称で，セラミックビーズとも呼ばれ，セラミックの溶融・噴霧により製造されるものと，粉末の造粒・焼結により製造されるものとがある．ガラスショットと同様に空気式のピーニングに使用され，ガラスショットよりは寿命は長いが，高価である．**図3.4**にセラミックショットの外観写真を示す．

**図3.4　セラミックショットの外観写真**

### 3.1.5　超硬ショット

超硬ショットは，超硬合金の原料である炭化タングステンとコバルトの粉末を造粒・焼結することにより製造されたショットで，比重は約14，硬さは1400HV前後であり，特に硬い部品に対して高い圧縮残留応力を付与する場合に効果を発揮する．主に空気式のピーニングに使用され，ほかのショットよりも低い投射速度で同等のピーニング効果が得られる特徴がある．**図3.5**に超硬ショットの外観写真を示す．

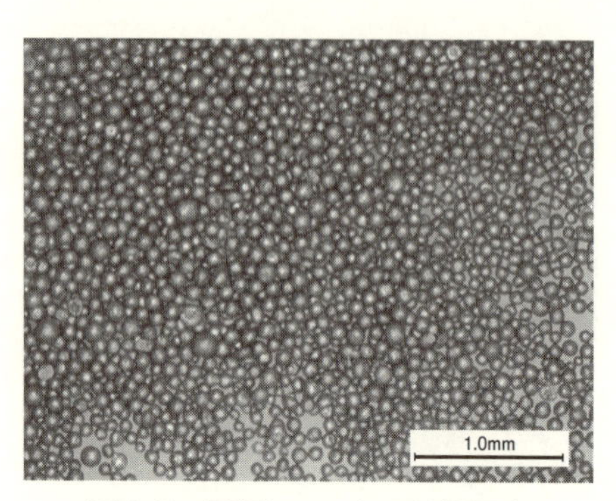


**図3.5　超硬ショットの外観写真**

### 3.1.6　アモルファスショット

アモルファスショットは，アモルファス（非晶質）合金の溶湯を特殊な製法で噴霧・急冷凝固することにより製造されたショットで，900～950HV程度の硬さを持つと同時に高い靱性を備えている．そのため超硬ショットと同様に硬い部品に対して高い圧縮残留応力を付与できる．寿命は超硬ショットよりも長いが，高価である．**図3.6**にアモルファスショットの外観写真を示す．

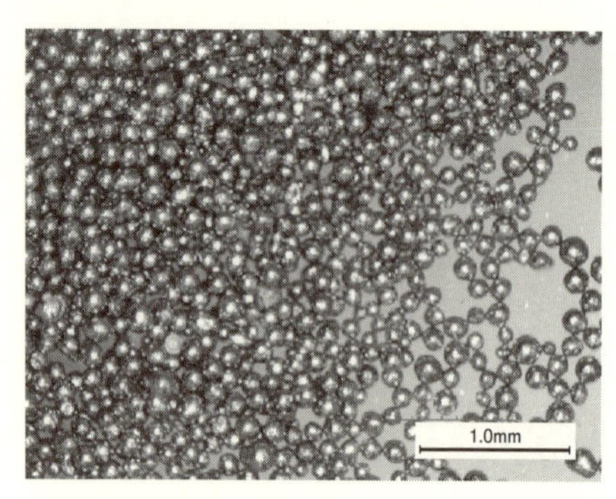


**図3.6　アモルファスショットの外観写真**

### 3.1.7　FeCrB ショット

FeCrB ショットは，1200V 近い硬さと，スチールショットと同等の 7.4 の比重を有しており，高い表面硬さを有する部材に対しても高い圧縮残留応力を付与できる．このような特長を活かし，各種の高強度部品へのショットピーニングに用いられている．また，高い靭性も有することからショットとしての破砕寿命も長い．さらに，Ni, Co, Mo, W のような高価な元素を含まず，汎用のガスアトマイズ装置により製造されることから量産性にも優れる．**図 3.7** に FeCrB ショットの外観写真を示す．

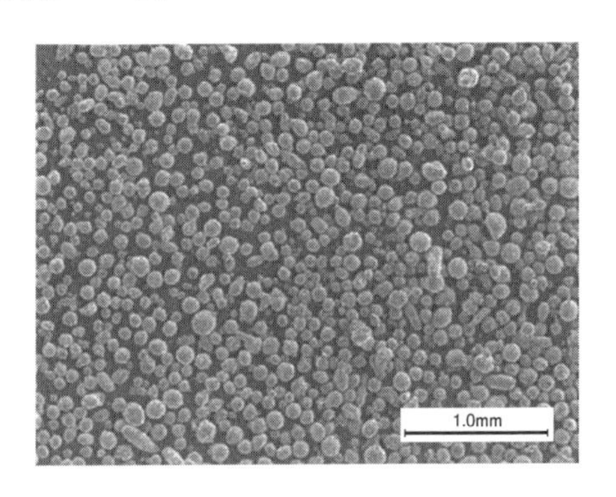


**図 3.7　FeCrB ショットの外観写真**

### 3.1.8　研磨鋼球

超音波ショットピーニングやピーンフォーミングなどの特殊な用途に用いられる投射材である．鋳鋼ショットやカットワイヤショットよりも大きなサイズが入手可能なため，非常に深い圧縮層を形成する必要がある場合に有利である．主に浸炭処理もしくは軸受鋼 SUJ2 を硬さ 57HRC 以上に調質したものが用いられる．また，被投射材と同じ材質の研磨鋼球が用いられることも多い．比較的高価な投射材である．なお，浸炭処理された研磨鋼球は AMS2431/5 に規格化されている．

## 3.2　投射材の規格

投射材の仕様は主に日本国外で規格化されている．代表的な規格を**表 3.2** に示す．

**表 3.2　投射材の規格例**

| 規格名 | 内　容 |
|---|---|
| SAE J441 | Cut Wire Shot（カットワイヤショット） |
| SAE J444 | Cast Shot and Grit Size Specifications for Peening and Cleaning<br>（鋳鋼ショットとグリットのサイズに関する規格） |
| AMS2431 | Peening Media General Requirements<br>（ピーニング用メディアの一般要求事項） |
| AMS2431/1 | Peening Media（ASR）Cast Steel Shot, Regular Hardness（45 to 52 HRC）<br>（レギュラー硬さの鋳鋼ショット） |
| AMS2431/2 | Peening Media（ASH）Cast Steel Shot, High Hardness（55 to 62 HRC）<br>（高硬度鋳鋼ショット） |
| AMS2431/3 | Peening Media（AWCR）Conditioned Carbon Steel Cut Wire Shot, Regular Hardness（45 to 52 HRC）<br>（レギュラー硬さのコンディションドカットワイヤショット |
| AMS2431/4 | Peening Media（AWS）Conditioned Stainless Steel Cut Wire Shot,<br>（ステンレス鋼コンディションドカットワイヤショット） |
| AMS2431/5 | Peening Media, Hardened Steel Peening Balls<br>（硬化された鋼製ピーニング用ボール） |
| AMS2431/6 | Peening Media, Glass Shot（ガラスショット） |
| AMS2431/7 | Peening Media, Ceramic Shot（セラミックショット） |
| AMS2431/8 | Peening Media（AWCH）Conditioned Carbon Steel Cut Wire Shot, High Hardness（55 to 62 HRC）<br>（高硬度コンディションドカットワイヤショット） |
| SAE J1173 | Size Classification and Characteristics of Glass beads for Peening<br>（ピーニング用ガラスビーズのサイズ規格と特性） |
| SAE J1830 | Size Classification and Characteristics of Ceramic shot for Peening<br>（ピーニング用セラミックショットのサイズ規格と特性） |
| VDFI 8001 | Peening media, cut wire shots; Nomenclature, quality requirements, tests<br>（ピーニング投射材，カットワイヤショットの，識別，品質要求事項及び試験方法．ドイツばね協会発行） |

## 参考文献

1）当舎勝次，ショットピーニング加工，図解 砥粒加工技術の全て，工業調査会（2006）pp.144-147.
2）松井勝幸，神泰行，浸炭歯車の疲労破壊に対するショットピーニングの効果，ショットピーニング技術 27(2)(2015) pp.98-107.
3）政木清孝，各種ピーニング処理によって生じる硬さと残留応力の関係，ショットピーニング技術　29(2)(2017) pp.70-75.
4）原田泰典，佐伯優斗，柴崎和馬，服部兼久，マイクロショットと超音波ショットの複合ピーニング処理によるステンレス鋼の疲労特性，ショットピーニング技術 28(3)(2016) pp.99-108.
5）闕正憲，浸炭硬化ローラの面圧強さに及ぼすショットピーニングの影響（スポーリングの場合），ショットピーニング技術 29(3)(2017) pp.119-131.
6）当舎勝次，ショットピーニング技術の現状と最新技術動向，MECHANICAL SURFTECH 28(2015) pp.30-34.
7）JIS B 2711，ばねのショットピーニング　（2013）.

# 第4章
# ピーニング加工法

ショットピーニングにおいて，一般的に広く利用されている加工ではショットと呼ばれる金属や非金属の球形粒子の衝突によって材料表面を大きく塑性変形させてピーニング効果を得ることを前章までに述べた．この章では，ショットを衝突させる加工法において，種類とその原理とともに加工装置の構成や関連装置について述べる．また，ショットを利用しないでもピーニング効果が得られるショットレスピーニングについて，実用化されている加工法の種類や特徴などについて述べる．

## 4.1　ピーニング加工法

一般に広く利用されているショットピーニングでは，ショットを加速して材料表面に衝突させている[1)]．この投射方法は主に遠心式と空気式の二通りに大別される．まず，遠心式はインペラ式とも呼ばれ，処理面積が広い大型製品や大量生産品に対して多く採用されている．処理面積が広いため，大型のタービンブレード，大型のコイルばねや板ばね，自動車部品の一括大量処理部品などに対して採用されている[2) 3)]．次に，空気式は噴射式またはエア式とも呼ばれ，おもに小型部品に対して古くから採用されている．$\phi$ 100 $\mu$ m程度のショットも利用可能であり，材料表面の粗れを低減した状態で加工が行える事が特徴である[4)]．空気式の機械には，さらに乾式である吸込式と直圧式，湿式の3種類がある[5)]．乾式の場合，圧縮空気によりショットを間接的に加速するため，遠心式に比べてエネルギー効率があまりよくない．しかし，投射の方向性が良いこと，高い集中度が得られること，粒径の小さなショットを用いた加工も可能であること，などから歯車の歯底や小物軸類などに採用されている．空気式の機械による加工は，ショットを噴射する加工である為，噴射加工とも呼ばれている．このほかにも上述した遠心式や空気式の投射方法とは異なるピーニング加工法がいくつか利用されている．例えば，フラップ式[6)]や超音波式[7)]などがある．いずれの加工も球状粒子あるいは球状工具を用いた加工法なので，ショットピーニングの一種として分類されている．

一方，ショットをまったく利用しないショットレスピーニング[8)]として，レーザー式[9)]やキャビテーション式[10)]，バニシング式[11)]，ニードル式[12)]などがある．ショットピーニングで用いるショットは，媒体として非金属製も含めた球状粒子である．しかし，ショットレスピーニングにおける媒体は，レーザー，液体，金属製工具などである．媒体の作用によって生じる衝撃力を利用した加工法であるが，ピーニング効果が得られるのでピーニング加工法として分類されている．

現在，ピーニング加工法として分類されている主な加工法を**表4.1**に示す．

本節ではショットピーニングおよびショットレスピーニングの加工法について簡単に述べたが，具体的な装置の種類，原理および構成などの詳細について，次節以降にて解説する．

**表 4.1　代表的なピーニング加工法**

| | |
|---|---|
| ショットピーニング（球状金属，球状非金属） | 遠心式 |
| | 空気式 |
| | フラップ式 |
| | 超音波式 |
| ショットレスピーニング（レーザー，水，工具） | レーザー式 |
| | キャビテーション式 |
| | バニシング式 |
| | ニードル式 |

# 4.2　ショットピーニング

## 4.2.1　ショットピーニング装置

ここでは，ショットを加速する方法として，空気式加速装置と遠心式加速装置を用いたショットピーニング装置について解説する．ショットピーニングの効果は，被加工面を観察しただけでは判定ができず，ショットピーニング装置と作業方法とによって制御するのが一般的である．そのため，ショットピーニング装置の選定が重要である．ショットピーニング装置は，ブラスト加工を目的にしたショットブラスト装置と外観上大きな違いはないが，ショットブラスト装置と区別する必要がある．ショットピーニング装置は，ショットピーニング条件が所定の範囲内にあるよう管理できることが，ショットブラスト装置とは異なるところである．特に，ショット流量調整装置やショット選別装置がショットピーニング装置には要求される．

### 4.2.1.1　ショットピーニング装置の構成

ショットピーニング装置の概略構成例を**図 4.1**，**図 4.2** で示す．ショットピーニング装置は，一般的にショット加速装置，製品搬送装置，ショット循環装置，ショット選別装置，ショット流量調整装置，速度コントロール装置，集じん装置から構成される．

これら装置の方法や能力選定は，主として被加工品の種類・大きさ・形状，単位時間当たりの処理量，ピーニング条件などにより変わってくる．たとえば，被加工品の大きさ・形状とピーニング箇所によりショット加速装置の必要数量が決まり，また指定されている圧縮残留応力値あるいはピーニング強度評価の一つであるアルメンアークハイト値（アルメン試験板のそり高さ）によりショットの粒度，硬さおよび投射速度が決められる．またショット投射量は所定時間内に得たいカバレージと単位時間当たりの処理量により決められる．ショット循環装置やショット選別装置の大きさや能力は，ショット加速装置の数量，一定時間あたりのショット投射量により決められる．

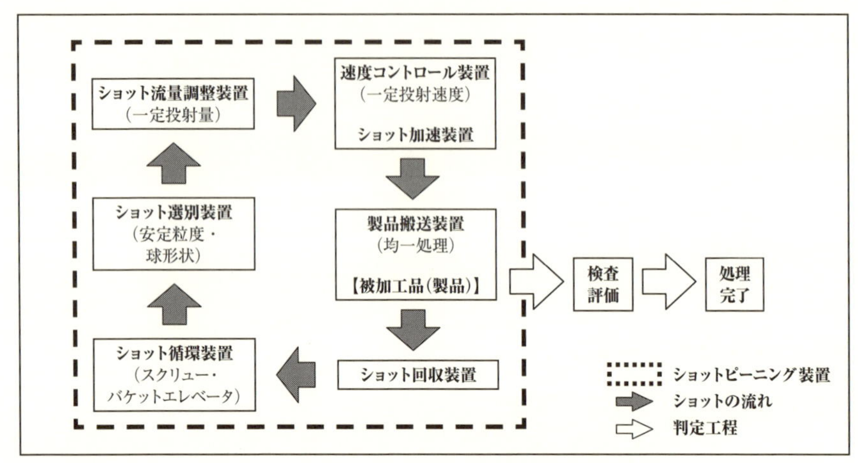


図4.1　ショットピーニング装置の構成解説図
（JIS B 2711 2013 解説より）

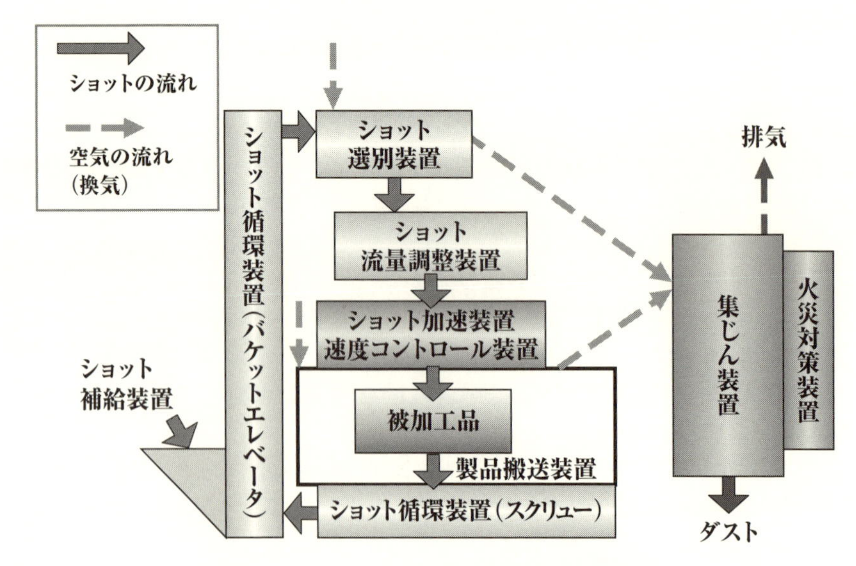


図4.2　ショットピーニング装置の概略構成図

また，稼働中のショットピーニング条件が所定の範囲内にあるよう監視および修正指令を出す必要がある．ショットピーニングの管理概念図を**図 4.3** に示す．現在は，4つの管理が採用されている．

(1)　ショット投射管理では，ショット流量調整装置によりショット投射量，投射パターンや投射位置，投射速度（遠心式ではホイール回転数，空気式ではエアー圧力）などである．投射速度が下がるとアルメンアークハイト値も下がる．

(2)　ショット粒度管理では，ショット分級装置や集じん装置風量管理による粒度管理，ショット補給の適量補給管理などである．ショット粒径が小さくなるとアルメンアークハイト値も下がる．

(3)　被加工品の再現性があるセットでは，位置・回転検知などである．再現性があるセットをしないとピーニング効果の再現性が確保されない．

(4)　消耗品管理では，定期点検による品質維持・安定操業などである．

現在，ショットピーニングの管理をシステムとして備えた装置も普及している．さらに，ショット流量やホイール回転数・エアー圧力などをリアルタイムに監視し設定範囲内になる様フィードバック制御する装置も採用されている．いずれにしろ，上記の品質管理においては，各装置や検知の精度と校正管理が必要である．ショットピーニング装置を構成している装置とその装置における管理内容について，解説する．

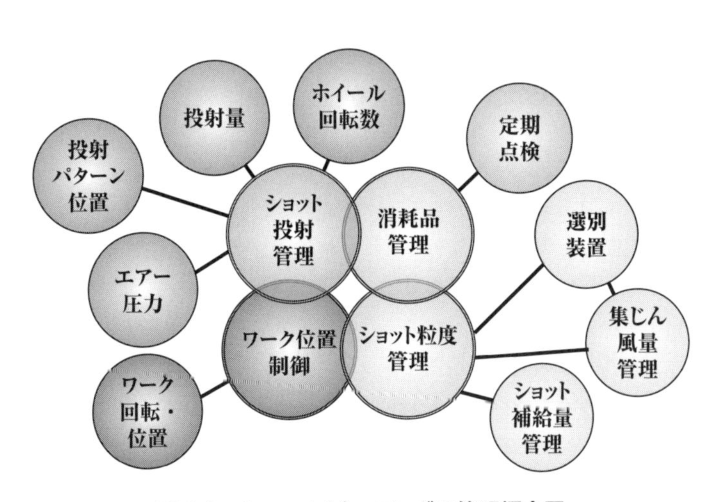


**図 4.3　ショットピーニングの管理概念図**

### 4.2.1.2　ショット加速装置

ショット加速装置は，被加工品に投射するショットを加速する装置で，ショットピーニング装置の中で最も主要な装置である．ショットを加速する方法により分類され，遠心式加速装置と空気式加速装置が多く使用されている．遠心式加速装置を，**図4.4**に示す．

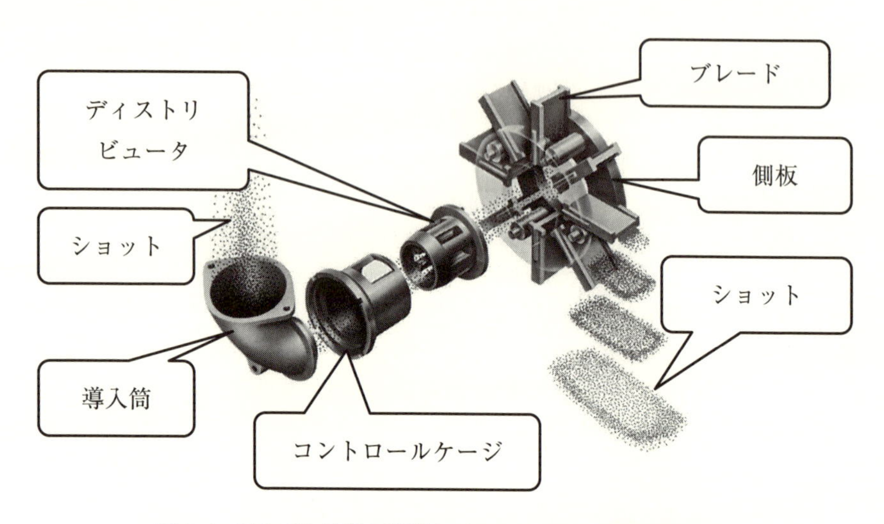


**図4.4　遠心式加速装置構造図（JIS B 2711 2013解説より）**

遠心式加速装置は，通称インペラ式（別名ローター式）と呼ばれ，ショット単位質量当たりの加速必要エネルギーが少なく，広範囲に投射ができることより，コイルばねや自動車部品類など大量生産品のショットピーニング装置に広く採用されている．遠心式加速装置のショット投射管理では，適正な投射パターン（投射分布）を確認し，コントロールケージ（別名デフレクター）の窓位置を正しく設定する必要がある．なお，ブレードと側板（別名ディスク）は，ホイールと呼ばれる．

次に空気式加速装置を，**図4.5**に示す．

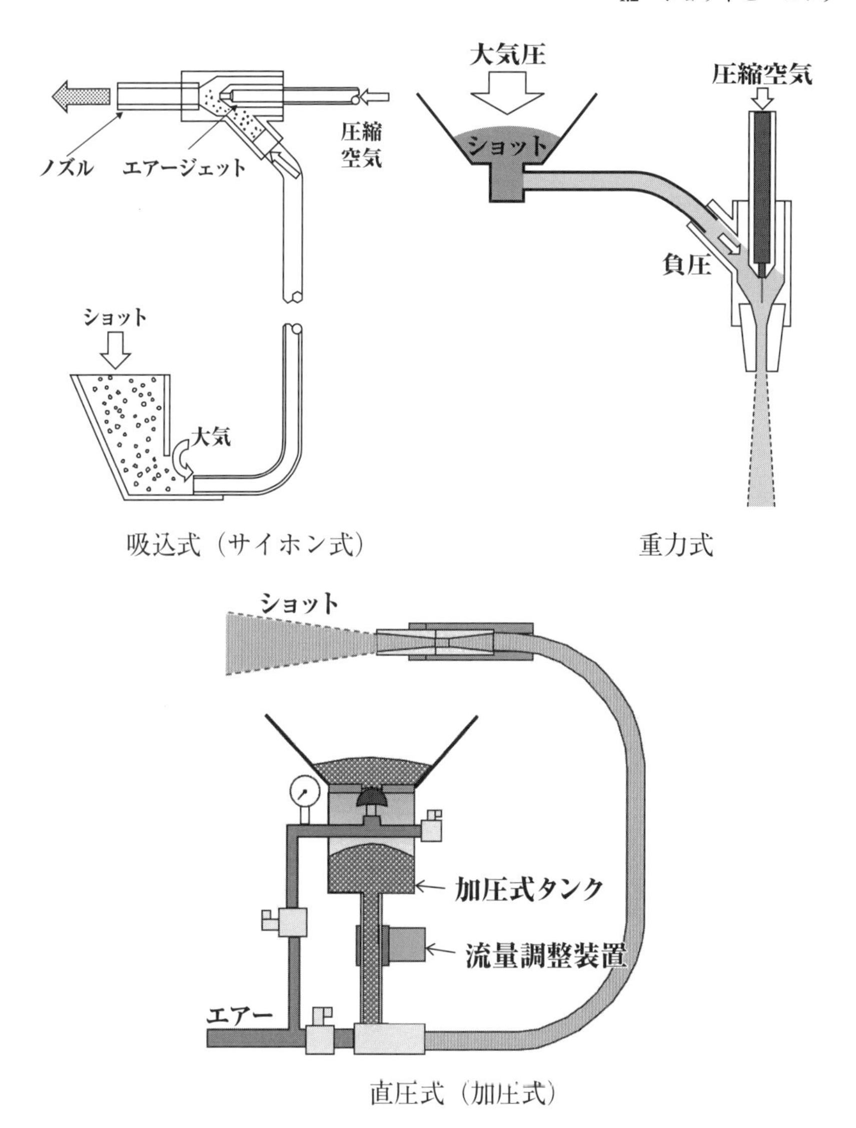


**図 4.5　空気式加速装置構造図**

空気式加速装置としては吸込式（サイホン式）・重力式と直圧式（加圧式）があり，一般に直圧式は，ショット加速必要エネルギーが遠心式の約 10 倍と高いが，投射の方向性と集中度を高めることが容易なことから処理面積が小さく，高いアルメンアークハイトを必要とするショットピーニング条件に適用されることが多く，トランスミッションギヤやシャフトなどの一個処理として適用されている．また，吸込式・重力式は低いアルメンアークハイトを必要とする場合や，ガラスビーズ及びセラミックビーズのような比重の低いショットを使用する場合に用いることが多い．また，遠心式に比べショット加速装置の構成部品が少なく，形状も単純であり，取扱いも容易なことからロボットにノズルを持たせたショットピーニング装置もあり，特に航空機部品の製造・メンテナンス分野で多く採用されている．空気式加速装置のショット投射管理では，適正な投射パターン（投射分布）を確認し，ノズルと被加工品の距離・角度を正しく設定する必要がある．

加速装置別の被加工品に対するショットピーニング概略図を**図 4.6** に示す．また，**図 4.7** に，遠心式として，コイルばね用ショットピーニング装置の一例を示す．**図 4.8** に，空気式として，ギヤ用直圧式ショットピーニング装置，航空機部品用ショットピーニング装置の一例を示す．

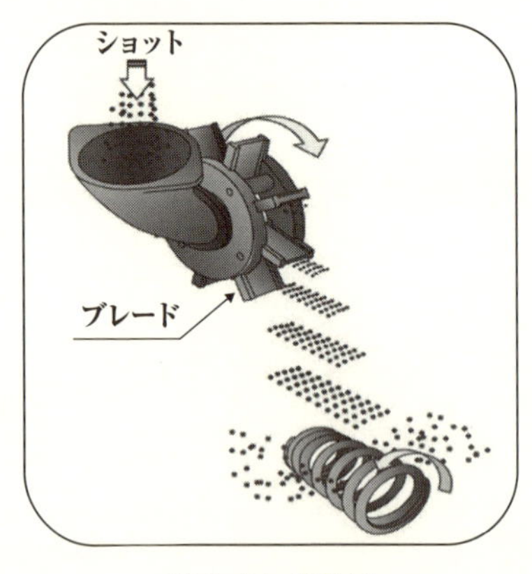


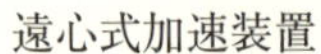
遠心式加速装置

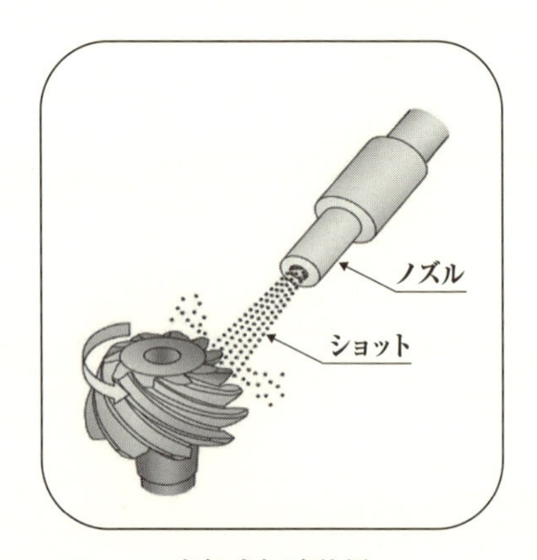


空気式加速装置

**図 4.6　加速装置別ショットピーニング概略図**

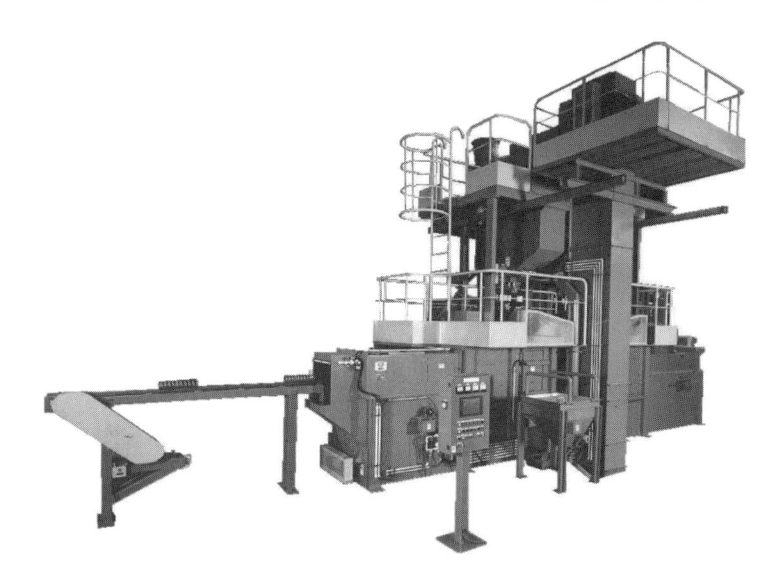

コイルばね用ショットピーニング装置

**図 4.7　遠心式ショットピーニング装置**

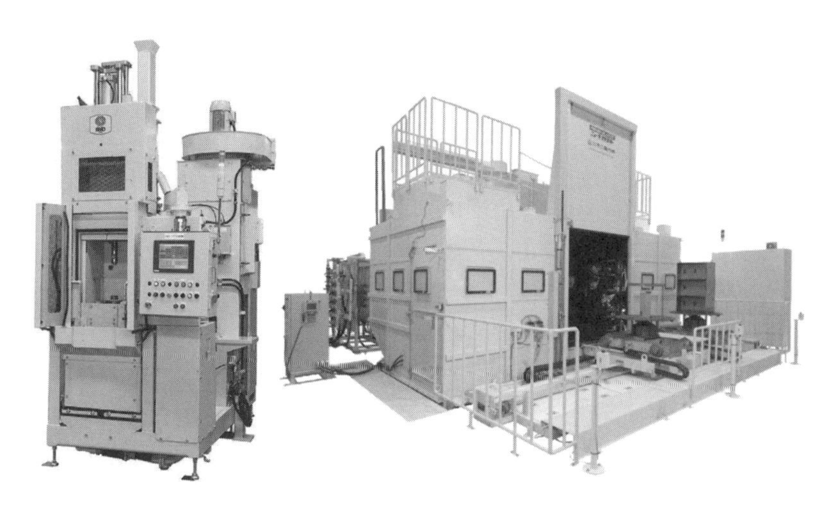

ギヤ用ショットピーニング装置　　　　航空機部品用ショットピーニング装置

**図 4.8　空気式ショットピーニング装置**

一般的なショット加速装置の選定条件を**表 4.2** に示す．

**表 4.2　ショット加速装置の選定条件**

| | 遠心式加速装置 | 空気式加速装置 |
|---|---|---|
| 加工面積 | 大きい（拡散） | 小さい（集中） |
| 単位時間当たりの投射量 | 多い<br>（Max 750kg/min/ ホイール） | 少ない<br>（Max 20kg/min/ ノズル） |
| 被加工物の形状 | 制約が少ない | 局所集中 |
| 小物製品のバッチ処理 | 可（多量） | 可（少量） |
| ショットサイズ | 200 μm 以上 | 微小～ 800 μm 程度 |
| アルメンアークハイト | 比較的低い<br>（遠心力の制約） | 高い<br>（集中） |
| ショット硬度 | 高硬度は不向き | 自在 |
| 非金属や<br>グリット状ショットの使用 | 不向き<br>（回転体の磨耗大） | 可 |

#### 4.2.1.3　速度コントロール装置

ショット投射速度は，加工の観点から被加工品にショットが衝突するときの速度で表すべきであるが，実際の状態を測定することが困難なため，遠心式加速装置の場合は，ブレードからショットが飛び出すときの速度で表すことが多い．便宜的にはホイールの回転数を管理する．インバータなどで駆動モータの回転数を可変させることで，投射速度をコントロールすることができる．また，空気式加速装置の場合は，投射時の圧縮空気のゲージ圧力で表し管理する．エアー圧力を可変することで，投射速度をコントロールすることができる．

一般的には，遠心式加速装置の場合は 60 ～ 90m/s，空気式加速装置の場合は 80 ～ 180m/s である．

#### 4.2.1.4　ショット流量調整装置

ショットの均一な毎分投射量が得られる定量供給装置が望ましい．装置の構造としては，ショットが流れる開口の開度を調整することによりショットの流量を調整する方式や，開口の開頻度を調整する方式，機械的に一定量を切り出す方式などがある．ショット流量の管理方法は，遠心式加速装置の場合，駆動モータの電流値を管理することが一般的である．同一回転数ならば，駆動モータの電流値と投射量は比例関係にある．空気式加速装置の場合，ノズル口径とエアー圧力が変化すると投射量も変化するため，ノズル口径とエアー圧力の管理と定期的に実投射量を測定し確認するのが一般的である．最近では，電気的にショット流量を検知・制御し，安定した投射量を実現する装置も普及している．

#### 4.2.1.5 ショット循環装置

一般的なショットピーニング装置は，遠心式や空気式加速装置に関わらずピーニング室の下方に下部スクリューコンベアまたはベルトコンベア，側面にバケットエレベータまたは垂直スクリュー，ショット加速装置の上方に上部スクリューコンベアを備えたものが多い．空気式加速装置においては，ピーニング室の下方にタンクを設け，ショット循環装置を備えないものや，ガラスビーズ及びセラミックビーズのような密度の低いショットなど使用する場合，集じん装置などを利用し気流でショットを循環させるショット循環装置もある．いずれの場合も，長時間の稼働に耐えられる構造が必要である．

#### 4.2.1.6 ショット選別装置

使用中，破損または摩耗したショットを選別する装置で，この装置の性能はショットピーニングの効果に大きな影響がある．一般的には，ショット粒径選別とショット形状選別がある．

ショット粒径選別は，集じん装置より吸引された気流を利用してピーニングに有効でないショットを分離するものが多く，**図 4.9** で示したショットの流れ（落下）に対し逆らうように気流を通し分離する対向式と，ショットの流れに対し水平に気流を通し分離する水平式がある．対向式は水平式に比べ分離性能が高い．また，200 μm以下のショットの場合は，**図 4.10** で示したサイクロン式を使用することが多い．いずれにしろ，集じん装置より吸引された気流によるショット粒径選別は，集じん装置の風量・風速・ろ布の目詰まりを管理する必要がある．

ショット粒径選別で気流を利用しない方法として**図 4.10** で示した振動ふるいが組込まれることが多くなっている．ふるい部における目詰まり管理を十分に行う必要がある．

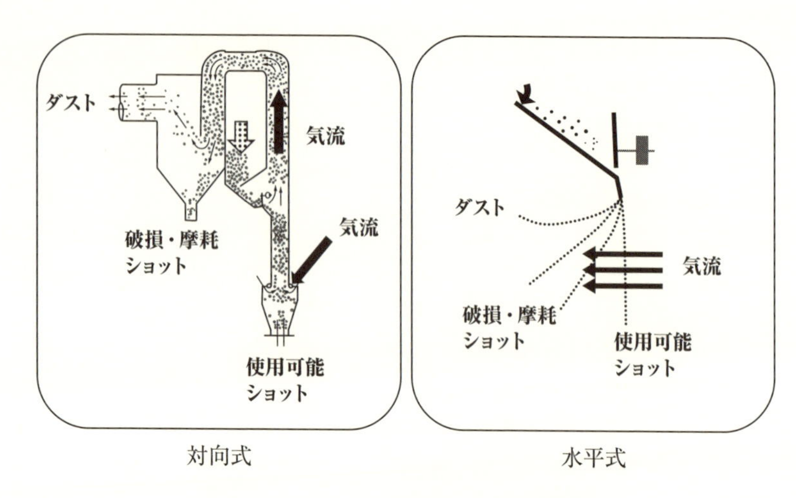


**図 4.9　ショット粒径選別装置の概略図**

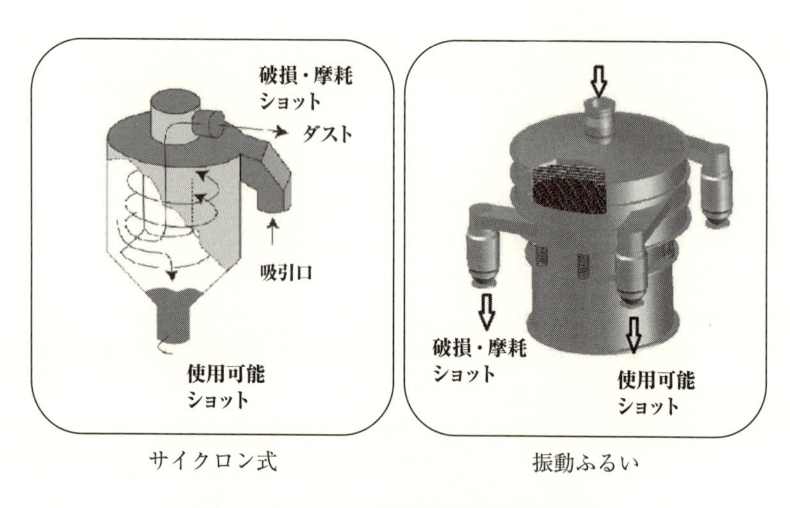


**図 4.10　ショット粒径選別装置の概略図**

ショット形状選別は傾斜ベルトコンベア式とスパイラル式があり**図 4.11** で示すが，定期的に作業者による観察が主流である．

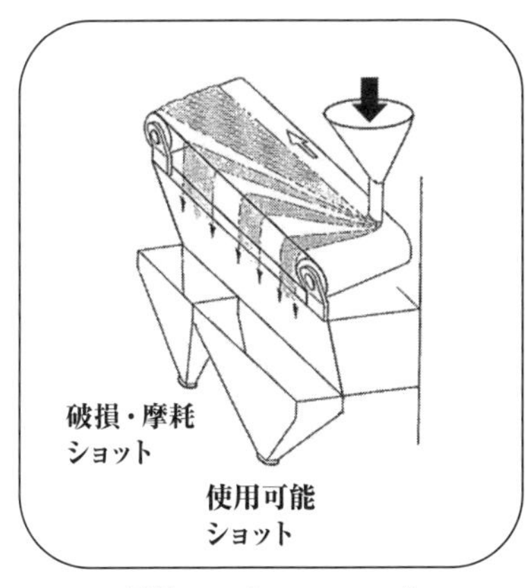


傾斜ベルトコンベア式

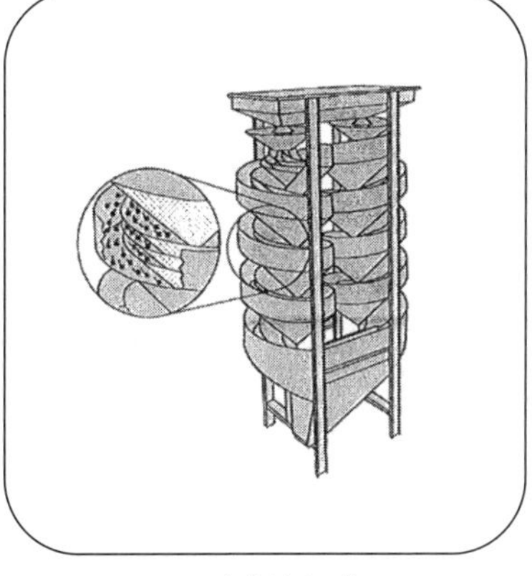

スパイラル式

**図 4.11 ショット形状選別装置の概略図**

また，破損または摩耗したショットに相当する量を補給するショット補給装置を付属させ，急激なショット粒度分布の変化が無いようにする．そのため，少量ずつ自動的に補給が行われることが望ましい．

### 4.2.1.7 搬送装置

適正なショットピーニングを行う為には，投射されたショットに対する被加工品の位置および固定方法または搬送方法が適正でなければならない．搬送方法をハンドリング方式によって分類すると，タンブラ式，テーブル式，コンベア式，ハンガ式などがあり，それらの概要形状を**図 4.12** に示す．タンブラ式は，エプロンタイプとドラムタイプがある．テーブル式は，シングルテーブル，マルチテーブル，台車走行テーブル，昇降テーブルなどがある．コンベア式は，ローラコンベアタイプ，ベルトコンベアタイプ，スピンナローラタイプなどがある．ハンガ式は，シングルハンガタイプやマルチハンガタイプ，トロリーハンガタイプなどがある．

いずれの搬送方法を選定するかは，①ショットピーニング条件，②被加工品の処理数量，③前後の工程との関係，④装置の価格，⑤メンテナンスなど諸条件によって決められる．

被加工品の位置および固定方法を管理する方法として，被加工品の回転数やコンベアの搬送速度を監視する方法もある．

| 搬送方法 | 概要形状 | |
|---|---|---|
| タンブラ式<br>(エプロン) |  | 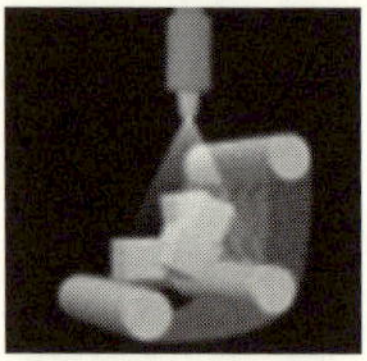 |
| タンブラ式<br>(ドラム) | 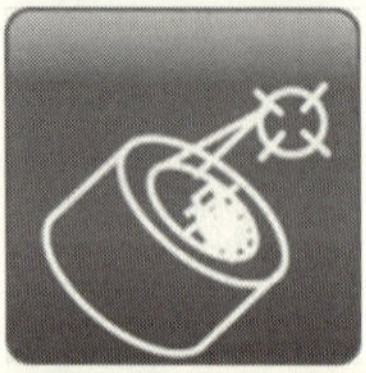 | 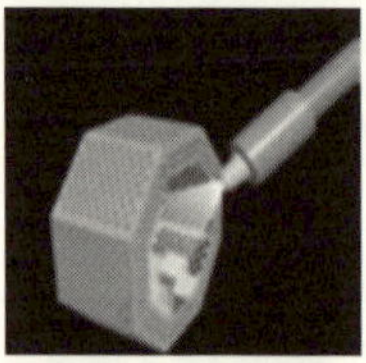 |
| テーブル式 |  |  |
| コンベア式 |  | 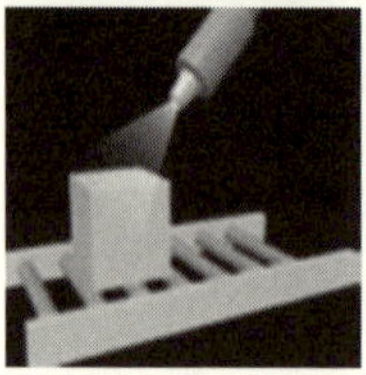 |
| ハンガ式 | 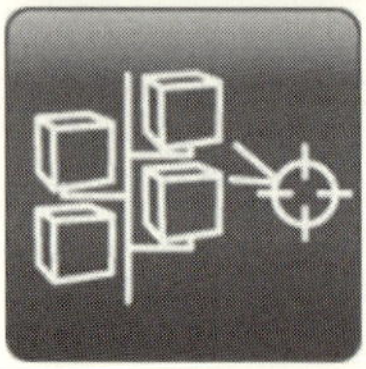 | |

図 4.12　搬送装置の概略図

#### 4.2.1.8　集じん装置

ショットピーニング装置の性能を左右するものの1つに集じん装置がある．ダストの回収方法により乾式，湿式に区分され，ショットピーニング装置にはほとんど乾式が採用されている．また，ダストが可燃性の場合，火災・爆発予防対策の仕様を織り込んだ集じん装置を採用する必要がある．

集じん装置の能力は，局所排気規制に合致することが前提であり，一般にファンの風量，静圧，駆動モータの出力で表されるが，ダストの回収方式，ダストの払落し方式，ダストの排出方式も含めた選定が必要である．回収されるダストによりろ布に目詰まりが発生すると，圧力損失が大きくなり，吸引風量が低下する．風量が低下することで，ショット粒径選別に悪影響をあたえるため，ろ布の目詰まり状態を所定の圧力損失以内で使用するよう常時監視する．その他の集じん装置選択の留意点は，ショットピーニング装置ごとに設置，ショットピーニング装置の近くに設置などがある．

スチールショットを使用したショットピーニング装置の場合，ダストが可燃性であるため，火災予防対策が必要となる．その対策としては，①装置間の分割部に導通部分を設け帯電による火花の発生を防止するアースボンディング設置，②集じん装置内ろ布を帯電しづらくする帯電防止ろ布の採用，③集じん装置内の異常温度を検知する温度センサ設置，④集じんろ布目詰まり監視用の差圧計設置，⑤ダスト払落しは連続式としダストを連続排出するロータリーバルブ設置，⑥ダストを不燃化するために炭酸カルシウムなどの不活性粉体を集じん装置内に自動で定期的に投入する装置の設置，などがある．また，消火対策として，⑦集じん装置出入口の経路をふさぎ消火効率をアップさせる遮断ダンパの設置，⑧集じん装置内火災発生時に自動消火をおこなう二酸化炭素自動消火装置設置などがある．さらに爆発時の対策として，⑨集じん装置入口に爆発時の瞬間的な爆風を緩衝させるダンパ設置，⑩集じん装置内での爆発圧力で装置本体のダメージを軽減させる爆発放散蓋などがある．また，安全対策を施した電気部品の使用がある．いずれにしろ，ダストの定期特性把握と，安定稼働のための集じん装置定期メンテナンスが重要である．**図 4.13** に概略図を示す．

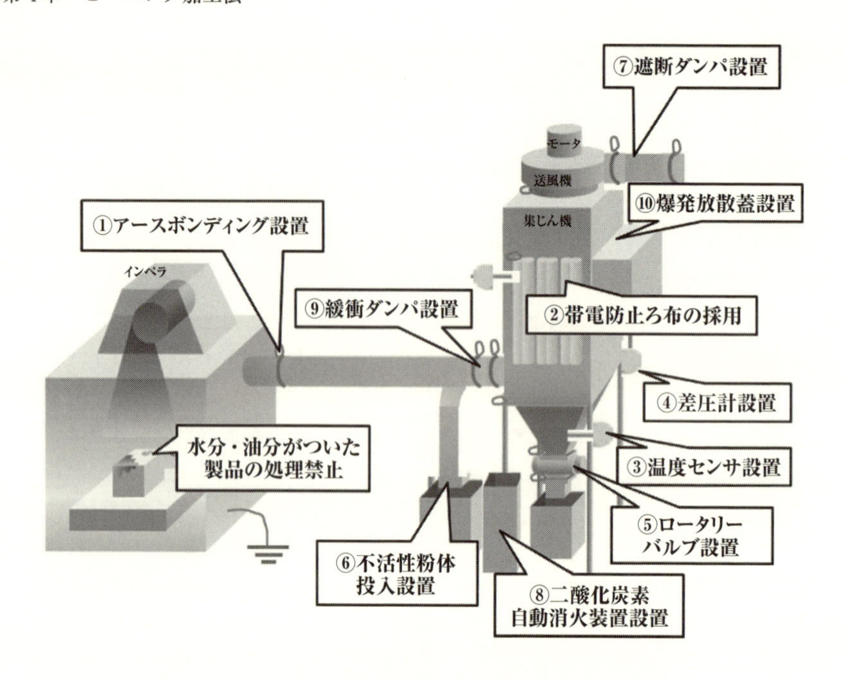


図 4.13　火災予防・消火対策・爆発時の対策　概略図

### 4.2.2　フラップ式

**図 4.14** にフラップ式加速装置で使用されるショットの一例を示す．複数の超硬合金製のショットが，樹脂製の特殊な布の先端に接合されたものをフラップとよび，このフラップを２枚組み合わせてマンドレルとよばれる回転軸に取り付け，マンドレルを回転させることによりフラップ先端のショットを加速させる方法をフラップ式加速装置と呼ぶ．

フラップを回転させる工具としては，一般的に圧縮空気を使用した空圧工具，または，電気を使用したモータを利用した工具が使用される．現在では，回転工具のスピンドルに回転数を検知するセンサが取り付けられ，このセンサからの信号をフィードバックすることによりスピンドルの回転数を一定に保つ装置も製造されている．装置の一例を**図 4.15** に示す．

このフラップ式加速装置を使用してピーニングを行うことをフラップピーニングと呼ぶ．特に，航空機業界において，ショットピーニング後の部品の補修やメンテナンス時のピーニングに使用され，**図 4.16** に示すように穴内面のピーニングに使用することもできる．フラップピーニングを実施するとき，フラップの回転軸と施工面の距離によってフラップ先端のショットの衝突角度が変化するため，安定したピーニング品質を確保するためには，この距離を一定に保つことが重要であり，使用者の熟練したスキルが要求される．

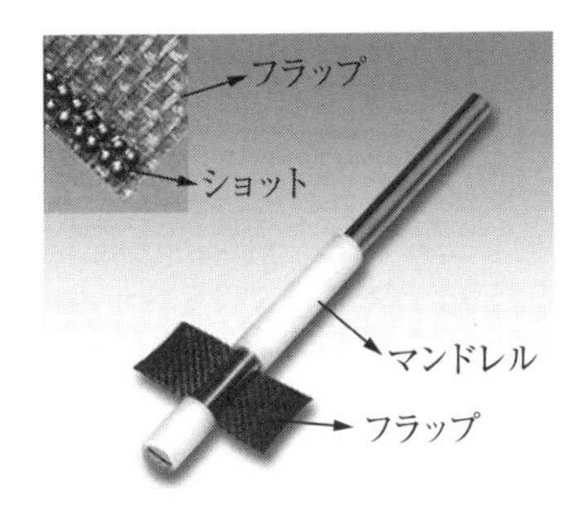

**図 4.14　フラップとマンドレル**

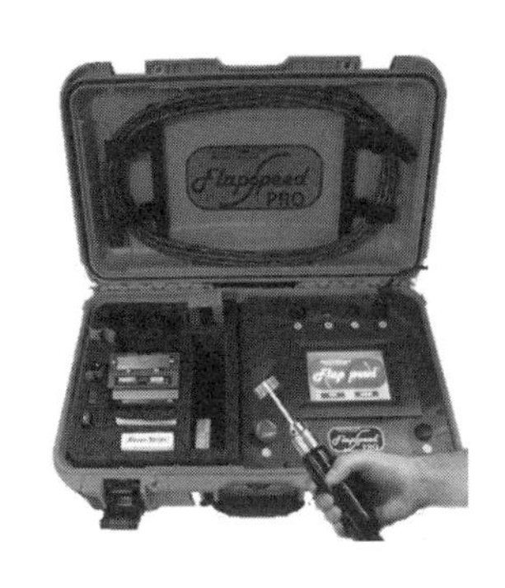

**図 4.15　フラップピーニング装置**

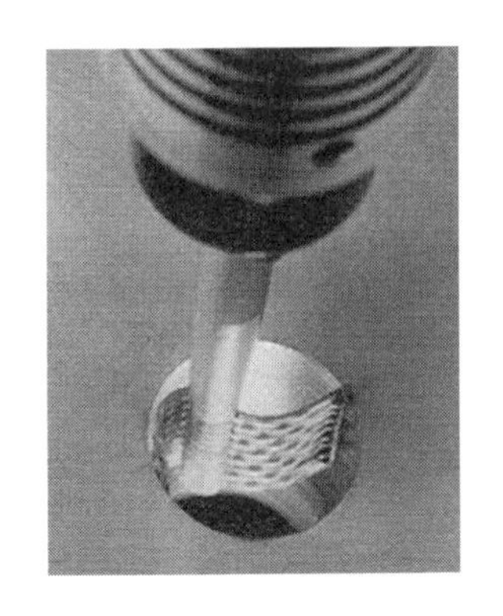

**図 4.16　穴内面のピーニング**

### 4.2.3　超音波式

超音波とは，通常，人が聞き取れる音の限界とされる 16 ～ 20kHz よりも高い周波数をもつ振動のことをいう．超音波式加速装置は，この高い周波数の振動を，ショットを加速させるエネルギーとして利用する装置であり，超音波ショットピーニング（Ultrasonic Shot-peening）と呼ぶ．

超音波加速装置の原理を**図 4.17** に示す．振動工具に接続された発振器から振動工具の固有振動数と同調した電気信号（電気エネルギー）が振動工具に供給される．振動工具に入力された電気エネルギーは振動子（圧電型変換素子）によって機械的振動に変換され，ブースター（またはホーンと呼ばれる）およびソノトロードで振幅が増幅される．振動工具の振幅はソノトロード下面に配置された振幅センサによって検出され，振幅制御器を介して発振器にフィードバックされ，振動工具の振幅が一定に保たれるよう図られている．

超音波ピーニングの概要を**図 4.18** に示す．ショットが振動工具のソノトロード，ハウジング，および施工対象で囲まれた小さなチャンバーの中で気体の分子運動のようにランダムに跳ね返りを繰り返すことによりショットピーニングが行われる．したがって，ショットの使用量は数グラム～数十グラム程度であり，遠心投射式ピーニング装置や，空気式ピーニング装置のように大量のショットを循環させる付帯設備が不要であるため，ピーニング装置の小型化が可能である．この特性を活かして，大型部品の局所加工に適しており，また，小さなチャンバーの中でショットピーニングが可能であるため，ショットの飛散が無く，異物管理が厳しい環境においても使用することも可能である．

振動工具において，ショットと衝突して投射材を加速させるソノトロードの投射面の形状は，**図 4.19** に示すように，矩形，円形だけでなく円筒面形状や球面形状で製作することも可能であり，施工対象面の大きさや形状に適した投射面形状を選択することもできる．

超音波ショットピーニングで使用するショットは，主にベアリング鋼球，超硬ボール，セラミックボールのほか，ステンレス鋼球等が用いられ，$\phi$ 1mm ～ $\phi$ 4mm の真球度の高いボールが用いられる．したがって，従来のショットピーニングと比較して滑らかな表面のショットピーニング面を得ることができる．

ピーニング強さは，遠心投射式および空気式と同様に，使用するショットの粒径，硬さによっても変化するが，振動工具の固有振動数が振動工具の材質や形状で決定される固有値であるため，振幅を変更することによりピーニングの強さを変更する．

超音波振動を使用する本装置は，ショットの替わりに特殊なピンをショットとして使用する方法も実用化されている．後述の 4.3.4 ニードル式のショットレスピーニングの範疇となるが，その事例のピンヘッドの外観を**図 4.20** に示す．複数本のピンがハウジングの案内面に保持されており，ソノトロードから伝達された振動により，これらのピンがハウジング内で直線的に往復運動する．ピーニング用途のほか，ストレートニングやピーンフォーミング用途に用いられている．ショットの飛散が無く，目的の範囲のみ施工が可能であるため，ピーンフォーミングに使用する場合，マスキングが不要なほか，形状確認用治具の上で直接加工できる利点がある．

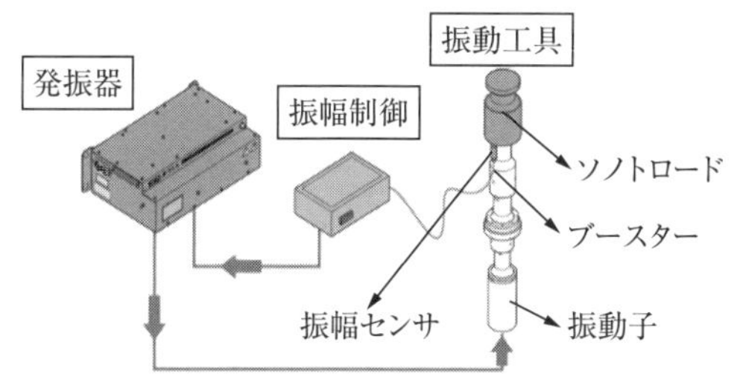


図 4.17　超音波加速装置の原理

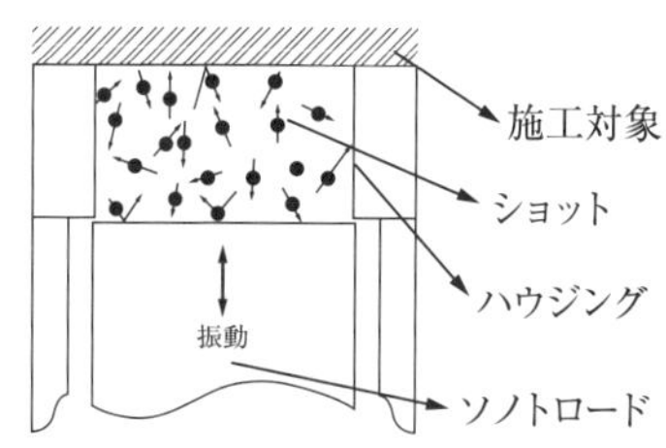


図 4.18　超音波ピーニングの概要

図 4.19　ソノトロード

図 4.20　ピンヘッド外観

## 4.3　ショットレスピーニング

### 4.3.1　レーザー式

レーザーピーニングは，水中でパルスレーザーを照射したときに発生する高圧プラズマの衝撃作用を利用したピーニング技術である[13]．レーザーピーニングの原理を**図 4.21** に示す．レーザーのパルス時間幅を数 ns まで短パルス化し，数 GW/cm$^2$ という高い出力で材料に照射すると，材料の表層がプラズマ化して表面に高圧の金属プラズマが発生する．水中では，水の慣性でプラズマの膨張が妨げられて狭い領域にレーザーのエネルギーが集中するため，プラズマの圧力は空気中の 10 ～ 100 倍となり瞬間的に数 GPa に達する[14]．この圧力により衝撃波が発生し，材料表面で衝撃波による動的な応力によって塑性変形が生じ，周囲の未変形部から拘束を受けることによって材料の表層に高い圧縮残留応力が形成される．光源として赤外レーザーを用いる場合には，**図 4.21** (1)に示すようにレーザー光の吸収層を設けることでプラズマを閉じ込める必要があるが，**図 4.21** (2)に示すように例えばNd:YAGレーザーの第2高調波（波長532nm）のような可視レーザーを用いることで吸収層を設ける必要がなくなり，水中の構造物への適用も可能となる．また，水晶域でレーザーを照射するだけの単純なプロセスであり，廃棄物が生じない，施工反力が無い，施工位置の制御が容易，などのメリットがある．

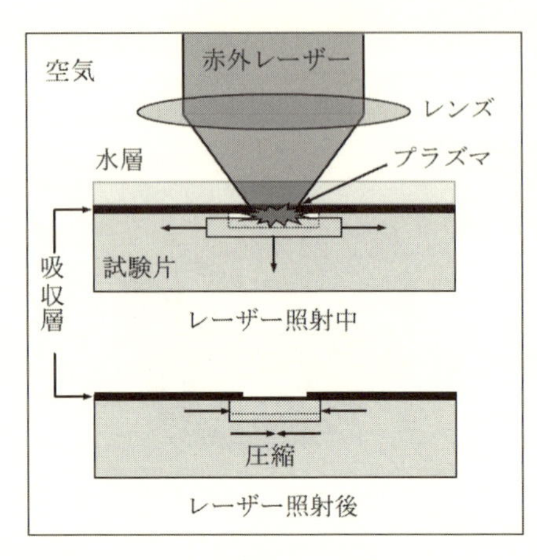


(1) 赤外レーザー

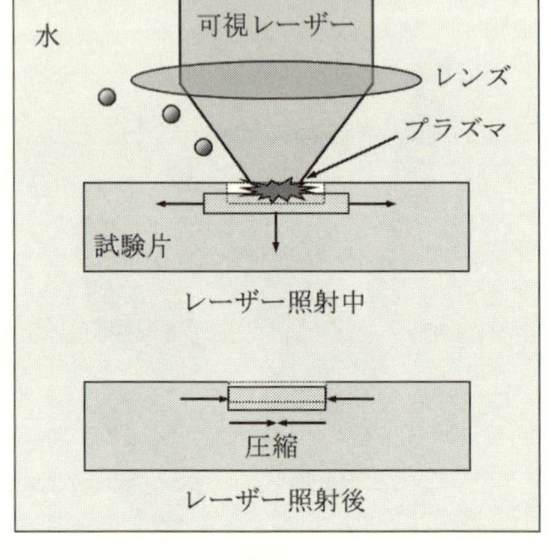


(2) 可視レーザー

**図 4.21　レーザーピーニングの原理**

オーステナイト系ステンレス鋼にレーザーピーニングを適用したときの残留応力の変化を**図 4.22** に示す．レーザーピーニングの効果は表面からほぼ1mmの深さまで達し，ショットピーニングなど他のピーニング技術と比較して，その効果がより深くまで及ぶのが大きな特徴である．

レーザーピーニングは，シュラウドを始めとする原子炉内構造物の応力腐食割れを防止する技術として使用されているが[15]，疲労強度の向上についても効果が確認されている[16]．

12Cr系ステンレス鍛鋼にレーザーピーニング処理を施した試験片について，疲労試験を行った結果を**図 4.23** に示す．未処理材の疲労強度が150MPaであるのに対し，レーザーピーニング処理材は210MPaと約1.4倍の疲労強度向上効果が得られることが確認されている[16]．

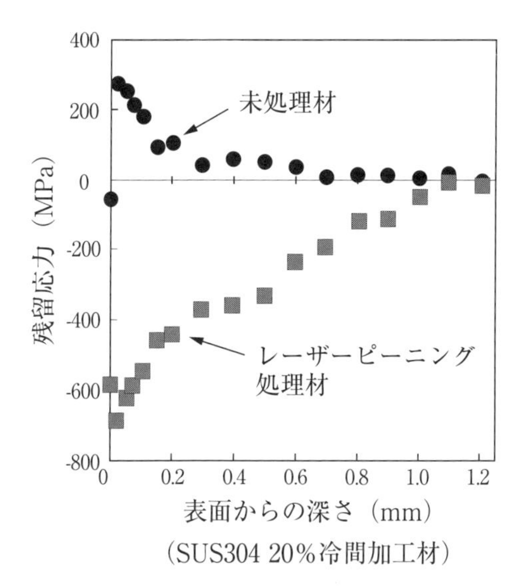


**図 4.22 残留応力分布に及ぼすレーザーピーニング処理の効果** [15)]

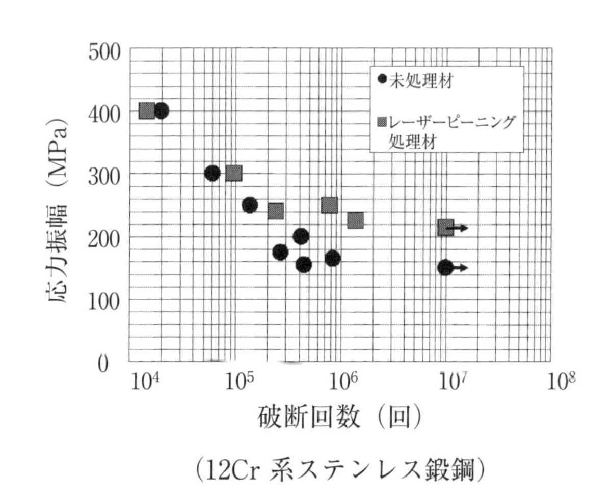


**図 4.23 疲労強度に及ぼすレーザーピーニング処理の効果** [16)]

### 4.3.2 キャビテーション式

キャビテーションピーニングとは，一般にスクリューやポンプ，バルブなどの流体機械に致命的損傷を与えるキャビテーション気泡の崩壊時に生じる衝撃力[17]を，ショットピーニングにおけるショットによる衝撃力のように用いるピーニングである．ショットを用いずにショットレスでピーニングできるので，固体接触による削食を生じることなく[18]，また，狭あい部のピーニングも可能である[19]．一般に，キャビテーションピーニングでは，水中にウォータージェットを噴射してキャビテーションを発生させるキャビテーションジェット[20][21]を用いてピーニングが行われており，金属材料の圧縮残留応力導入[22)〜24]や疲労強度向上[18),19) 25〜29]，フレッティング疲労抑止[30][31]，水素脆化抑止[32]，シリコンウェーハのゲッタリング[33]などが実証されている．また，水槽を用いることなく，大気中に直接的にキャビテーションジェットを形成する気中キャビテーションジェットを実現し[34]，同ジェットによる疲労強度向上[35]を実証するとともに，プラントやパイプの外壁の応力腐食割れ抑止を提案している[36]．

キャビテーションピーニングの装置の概略を**図4.24**に示す．なお，キャビテーションジェットは，水中にウォータージェットを噴射させるものの，一般のウォータージェット用ノズルを用いたときの加工能力は，好適なキャビテーションジェット用ノズルを用いた場合の数分の一以下であるので[37]，キャビテーションピーニングではキャビテーションジェット用のノズルを用いるべきである．また，水中にウォータージェットを噴射した場合でも，ウォータージェット中心の液塊の衝撃力によりピーニングを行うウォータージェットピーニングが可能であるが，一般にキャビテーションピーニングよりも加工能力が低い[38]．なお，ウォータージェットピーニングとキャビテーションピーニングは，キャビテーション数とノズルと加工面間の距離により容易に判別できる[38][39]．**図4.25**に示すように，ジェットパワーを等しくして，噴射圧力30MPaで$\phi$2mmのノズルを用いたキャビテーションピーニングと，噴射圧力300MPaで$\phi$0.4mmのノズルを用いたウォータージェットピーニングを比べた場合，厚さ5mmのジュラルミンに生じる曲率半径の逆数（アークハイトに比例）はキャビテーションピーニングのほうが明らかに大きい[38]．

**図4.26**には，(a)アルミニウム鋳物合金（JIS AC4CH）と(b)浸炭したクロムモリブデン鋼（JIS SCM415）を供試材料として，キャビテーションピーニング，ショットピーニングをそれぞれ行った場合と未加工材の回転曲げ疲労試験の結果を示す[40]．図中の数値はLittleの方法によって求めた$10^7$回における疲労強度を示す．明らかに，比較的柔らかい材料，硬い材料のいずれにおいても$10^7$回における疲労強度は，キャビテーションピーニングを行った場合が最も大きい．その一因は，キャビテーションピーニングでは，ショットを用いないので，剛体接触がなく表面粗さの増大が小さい

ためである.

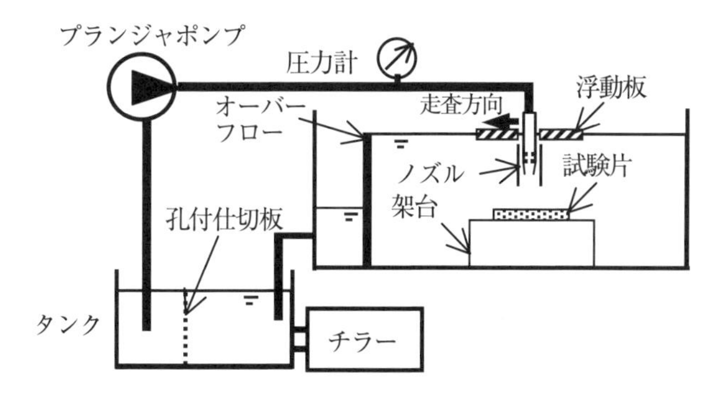


**図 4.24 キャビテーションピーニング装置の概要**

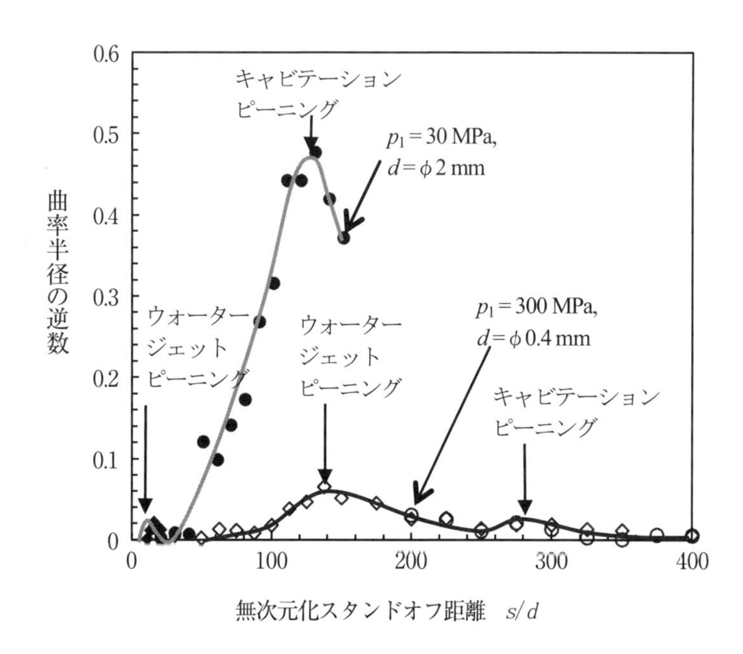


**図 4.25 キャビテーションピーニングとウォータージェットピーニングの比較**

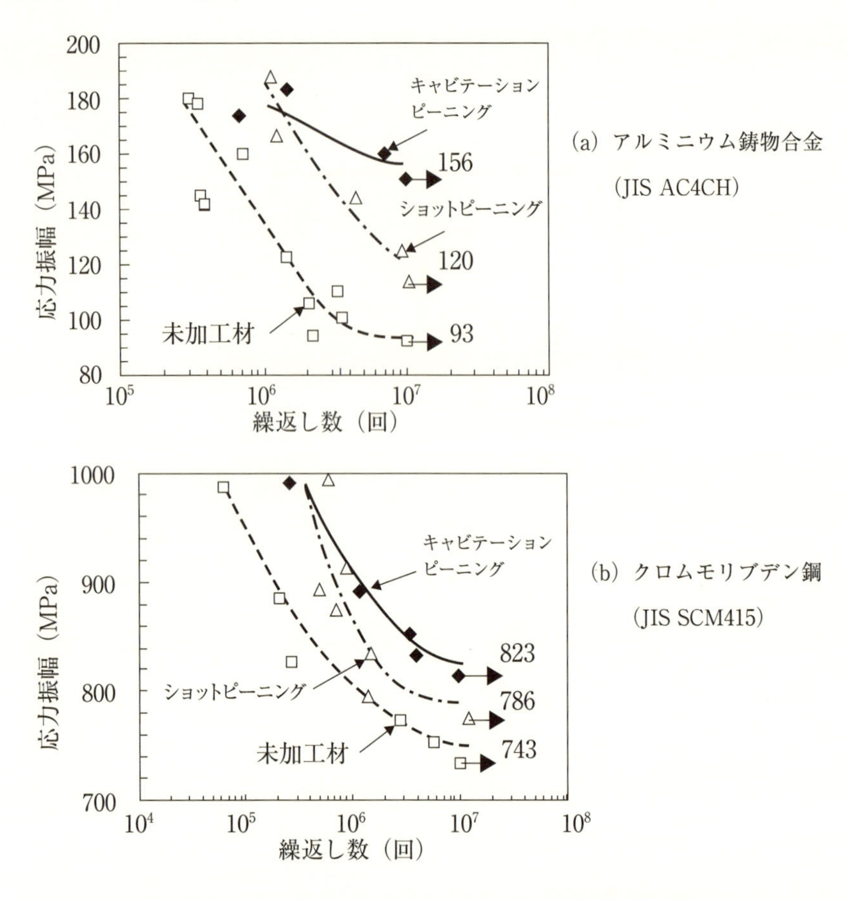


**図4.26　キャビテーションピーニングによる疲労強度向上**

### 4.3.3　バニシング式

一般的なバニシング加工は機械加工後の金属表面層を塑性変形させることでなめらかで良好な面を得る事を目的とした技術である．そのため塑性変形層は薄く，圧縮残留応力の付与は少ない．

一方，バニシングピーニングはLow plasticity burnishingとも呼ばれている技術で，バニシング加工の応用技術として，積極的に残留応力を導入する為に制御された塑性変形層を付与することを目的とした加工法である．金属表面に高弾性のボールを転動させることから成り，油圧，水圧を用いた湿式や乾式の専用工具を用いることで金属表面のダメージを抑え，高い残留応力となめらかな表面を得ることができる．

以前から旋盤加工機等に同様の工具を取り付け，圧力を加えるロールバニシングやディープローリングとも呼ばれて，加工対象品の目的に合わせ用いられている．**図4.27** に代表的なバニシングピーニングの概略図を示す．

近年はロボットの機能が向上したため，加工の自由度が向上していることから**図4.28** の様に航空機部品などにロボットで制御するバニシングピーニングが施工されている．

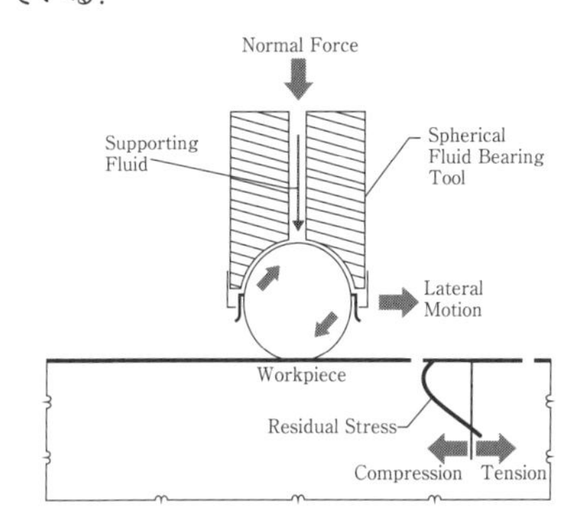


**図 4.27　バニシングピーニングの概略図**

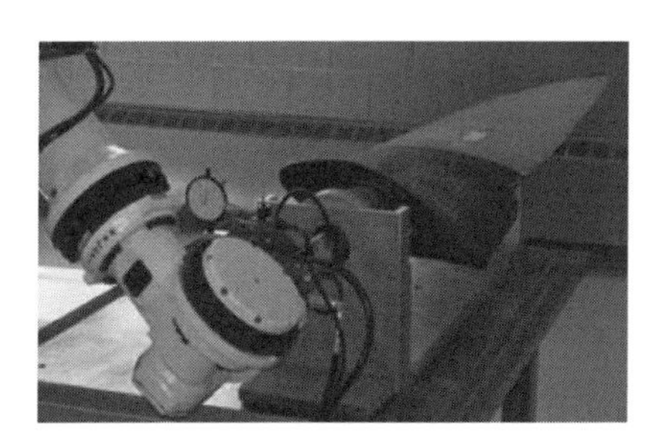

**図 4.28　ロボットを使った加工**

バニシングピーニングの効果として腐食部品の疲労寿命を向上させるとされている一例を**図 4.29** に示す．

塩水噴霧試験をした Al7075-T6 にバニシングピーニングをした時の疲労試験の結果を示す．腐食によって低下した疲労強度がバニシングピーニングをすることによって大きくなっている．

又，Al7075-T6 にバニシングピーニングとショットピーニングを適用した時の残留応力分布を**図 4.30** に示す．バニシングピーニングの効果は表面から 1.0㎜の深さまで達しており，ショットピーニングより深い残留応力層を得るとされている．

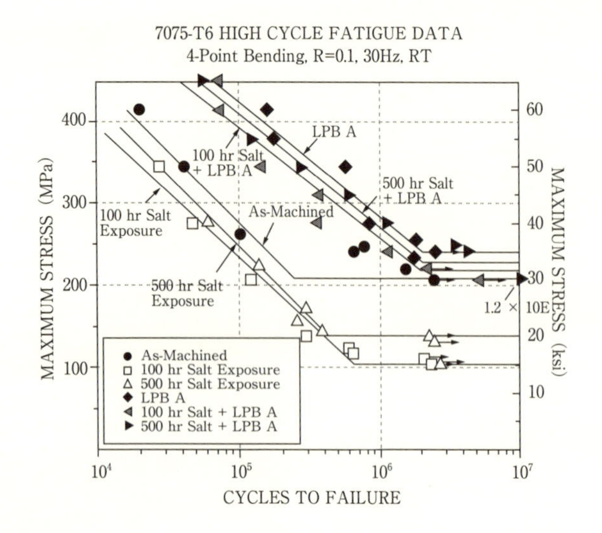


**図 4.29　腐食させたアルミニウム合金にバニシングピーニング加工を施したときの疲労強度** [41)]

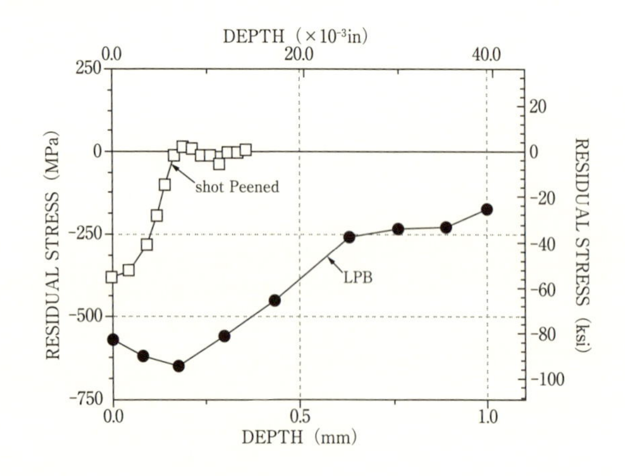


**図 4.30　応力分布に影響するバニシングピーニング加工** [41)]

## 4.3.4　ニードル式

橋梁，船舶などの大型の鋼構造物は，多くの溶接継手によって接合された構造体である．この溶接継手部は，溶接時に発生する引張りの残留応力や，溶接止端部における応力集中などにより，疲労き裂が発生しやすい部位である．この溶接継手部の疲労強度を改善するための技術として，細長い棒状の先端工具（ハンマー，ニードル，ワイヤー，たがねなど）を繰り返し打撃することにより強度を向上させる表面処理技術として古くから利用されている．これらは先端工具の形状によりニードルピーニング，ハンマーピーニングなどと呼ばれている．

ハンマーなどの打撃工具でピーニングする場合，打撃力の調整・管理が難しいために安定したピーニング品質を得ることができないため，一般的には，空圧式または油圧式の打撃工具が利用されている．又，前 4.2.3 項の超音波式で述べた複数本のピン振動方式も一部で実用化されている．

近年，溶接継手部の疲労強度向上を目的としたニードル（ハンマー）ピーニング技術が新たに開発され実用化されている．超音波の振動の衝撃力を利用した超音波衝撃処理[42]（Ultrasonic Impact Treatment），圧縮空気によるピストンの往復運動による衝撃力を利用した，ICR 処理[43]（Impact Crack Closure Retrofit Treatment）や PPP 処理[44]（Potable Pneumatic needle-Peening）などがある．

超音波衝撃処理や PPP 処理は，**図 4.31** に示すように，先端に曲率をもったニードルが打撃工具の先端に取り付けられており，このニードルを溶接止端線に沿って移動しながら連続的に打撃することにより，溶接止端部をニードルの先端曲率に応じた形状に変形させる処理方法である．これらの処理を行う事で，溶接止端部における応力集中を低減と処理部近傍に付与された残留圧縮応力の効果により，溶接継手部の疲労強度の向上が期待できる．ICR 処理は，**図 4.32** に示すように，工具先端の打撃面が平面であり，溶接止端部から所定の距離だけ離れた母材部を溶接線方向に沿って連続的に打撃する方法であり，先の２種類の処理方法と異なり溶接止端部を直接打撃しない処理方法である．

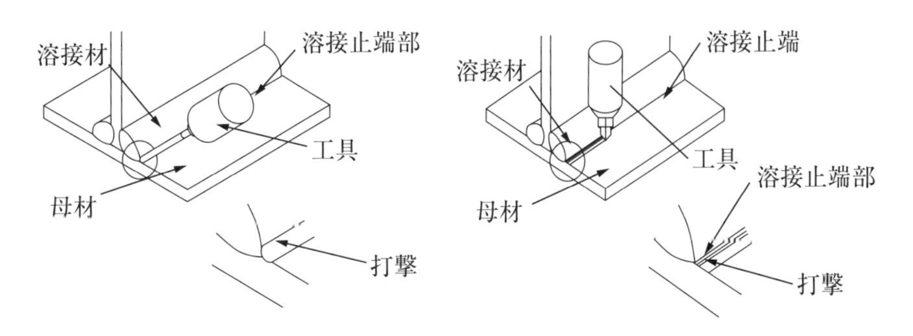


**図 4.31　超音波衝撃処理および PPP 処理の例**　　**図 4.32　ICR 処理の例**

## 参考文献

1）廣瀬正吉，ショットピーニング（第二版），誠文堂新光社，(1964)pp.1-8.
2）He B.Y., Soady K. A., Mellor B. G., Harrison G., Reed P. A. S., Fatigue crack growth behaviour in the LCF regime in a shot peened steam turbine blade material, Int. J. of Fatigue, 82(2) (2016), pp.280-291.
3）榊原隆之，佐藤嘉洋，ばね鋼へ斜め投射ショットピーニングをした場合の残留応力について，ショットピーニング技術，16(3) (2004), pp.111-116.
4）Ko Y.K., Lee W.B., Lee C.W., Yoo S., Nanocrystallized steel surface by micro-shot peening for catalyst.-free carbon nanotube growth, 45(3) (2010), pp.343-347.
5）当舎勝次，ショットピーニングの温故知新，まてりあ，47(3) (2008), pp.134-139.
6）稲川哲雄，ショットピーニング ショットピーニング技術の航空機生産への応用，メインテナンス，No. 127(1990), pp.27-31.
7）服部兼久，渡辺吉弘，半田充，J-M. Duchazeaubeneix: ショットピーニング技術，15(1) (2003), pp.9-14.
8）ショットピーニング技術協会編，金属疲労とショットピーニング，(2004)pp.131-136.
9）津山美穂，レーザーピーニングによる金属の表面処理に関する研究，レーザ加工学会誌，22(1) (2015), pp.37-45.
10）祖山均，熊谷直輝，キャビテーションピーニングで加工したクロムモリブデン鋼の渦電流法による非破壊評価，ショットピーニング技術 26(1) (2014), pp.8-15.
11）Gharbi F., Sghaier S., Morel F., Benameur T., : Experimental Investigation of the Effect of Burnishing Force on Service Properties of AISI 1010 Steel Plates, J Mater. Eng. Perform., 24(2) (2015), pp.721-725.
12）勝又信行，深澤郷平，ニードルピーニングによる金属表面への残留応力付与，山梨県工業技術センター研究報告，No. 29 (2015), pp.69-71.
13）佐野雄二，他：日本原子力学会誌，42, (2000), 567.
14）Sano Y. et al., Nucl. Instrum. & Methods Phys. Res. B. 121, (1997), 432.
15）Sano Y. et al., Proc. 8th Int. Conf. on Nuclear Engineering, (ICONE-8), (2000), pp.191-200.
16）千田格，他，レーザー学会誌，42(6), (2014), pp.467-471.
17）加藤洋治編，新版キャビテーション－基礎と最近の進歩－，森北出版，(2016), pp.189-248.

18) Soyama H. and Sekine Y., Inter. J. Sustainable Eng., 3 (1), (2010), 25.
19) Soyama H. et al., J. Mater. Sci., 43(14), (2008), 5028.
20) 祖山均, 他, 機論, 59B (562), (1993), 1919.
21) Soyama H. et al.: Experimental Thermal and Fluid Science, 12(4), (1996), 411.
22) 祖山均, 他 : 噴流工学, 13(1), (1996), 25.
23) 平野克彦, 他, 材料, 45(7), (1996), 740.
24) Soyama H. et al., Trans. ASME, J. Manuf. Sci. Eng., 122(1), (2000), 83.
25) Soyama H. et al., J. Mater. Sci. Lett., 20 (13), (2001), 1263.
26) Soyama H. et al., Trans. ASME, J. Eng. Mater. Technol., 124(2), (2002), 135.
27) 祖山均, 他 : 自動車技術会論文集, 34(1), (2003), 101.
28) Odhiambo D. and Soyama H., Inter. J. Fatigue, 25 (9-11), (2003), 1217.
29) Soyama H. and Takeo F., J. Mater. Process. Technol., 227, (2016), 80.
30) Lee H. et al., Tribology Letters, 36(2), (2009), 89.
31) Takakuwa O. et al., Inter. J. Fatigue, 92, (2016), 360.
32) Takakuwa O. and Soyama H. Inter. J. Hydrogen Energy, 37(6), (2012), 5268.
33) Soyama H. and Kumano H., Electrochem. Solid-State Lett., 3(2), (2000), 93.
34) Soyama H., Trans. ASME, J. Eng. Mater. Technol., 126(1), (2004), 123.
35) Soyama H., J. Mater. Sci., 42(16), (2007), 6638.
36) Soyama H. et al., Surf. Coat. Technol. 205, (2011), 3167.
37) Soyama H., Wear, 297 (1-2), (2013), 895.
38) Soyama H., Mech. Eng. Rev., 2(1), (2015), paper No. 14-00192.
39) 祖山均, 噴流工学, 31(2), (2015), 12.
40) 祖山均, 斎藤建一, ショットピーニング技術, 14(2), (2002), 72.
41) Prevéy H., Cannett J, Low cost corrosion damage mitigation and improved fatigue performance of low plasticity burnished 7075-T6, Journal of Materials Engineering and Performance, 10(5) (2001), pp.548-555.
42) 中島ら, 超音波衝撃処理と疲労き裂進展抑制鋼の相乗効果による溶接継手の疲労寿命向上, 日本船舶海洋工学会論文集, Vol. 8, (2008), pp.301-307.
43) 石川ら, ICR 処理による面外ガセット溶接継手に発生した疲労き裂の寿命向上効果, 土木学会論文集 A, Vol. 66, (2010), pp.264-272.
44) 笛木ら, 溶接止端部にき裂を有するステンレス鋼のピーニングによる疲労強度向上とき裂の無害化, 圧力技術, 53(3), (2015), pp.140-148.

# 第5章
# ピーニング効果の評価方法

ショットピーニングは，疲労強度向上のための表面改質法として工学的，経済的に最も優れた方法である．そこで本章では，施工前にショットピーニング面の性状を確認し，最適ショットピーニング条件を選定するための管理方法と，ショットピーニング後の効果を確認する方法について述べる．

## 5.1　表面粗さ

第1章でも触れたようにショットピーニング材の品質や機能性に直接影響する要因の一つに表面性状があるが，正しい評価を行うためには加工部品の使用目的に応じた正しい測定を行う必要がある．表面性状とは，物体表面の別の物体との界面（境界）に存在する微細な凹凸と定義されており，トライボロジー特性，光学特性，外観品質，運動機能など様々な機能に密接に関係している．表面粗さは表面性状の一要因であり，ショットピーニング加工面の評価としては算術平均粗さ *Ra* や最大高さ粗さ *Rz* などの表面粗さが主に用いられているため，この節では表面粗さに限定して解説する．

### 5.1.1　表面粗さと測定方法

**表5.1** に表面粗さ測定機器例[1)] を，**表5.2** に粗さのパラメータ[2)] を示す．現在，ショットピーニングの分野で一般的に使用されている測定機は触針式粗さ計あるいは触針式形状測定機であり，ピーニング効果との関係で検討されているパラメータは，高さ方向の *Ra* や *Rz* である．

**表5.1　表面粗さ測定機器例[1)]**

| 測定方式 | 接触式 | | 非接触式 | |
|---|---|---|---|---|
| 測定機器 | 触針式<br>粗さ計 | 原子間力<br>顕微鏡 | 白色干渉計 | レーザー<br>顕微鏡 |
| 分解能 | 1 nm | ＜0.01nm | ＜0.1nm | 0.1nm |
| 測定レンジ | ～1mm | ＜10 μm | ＜数 mm | ＜7mm |
| 測定領域 | 数 mm | 1～200μm | 40μm～15mm | 15μm～2.7mm |

**表5.2　粗さのパラメータ：JIS B 0601;2013(ISO 4287;1997)[2)]**

| パラメータの分類 | 粗さのパラメータ |
|---|---|
| 高さ方向のパラメータ | *Rp, Rv, Rz, Rc, Rt, Rzjis, Ra, Rq, Rsk, Rku* |
| 横方向のパラメータ | *RSm* |
| 複合パラメータ | *Rδq* |
| 負荷曲線に関連する<br>パラメータ | *Rmr(c), Rδc, Rmr, Rk, Mr1, Mr2*<br>*Rpk, Rvk, Rpq, Rvq, Rmq* |

表面粗さの評価は，**図5.1(a)** および **(b)**[3] に示すように，3つの曲線（断面曲線，粗さ曲線，うねり曲線）で行われているが，ピーニング面の評価は**図5.1(c)** 算術平均粗さ($Ra$)または**図5.1(d)** 最大高さ粗さ($Rz$)で検討されることが多い．現在使用される表面粗さ測定機には内部に計算プログラムが搭載されているので測定者が図中に示したような計算を行う必要はないが，それぞれの考え方はJIS規格B 0601(2013)[2]，B 0633(2001)[4]，B 0651(2001)[5] などを読み，理解しておくことが必要である．

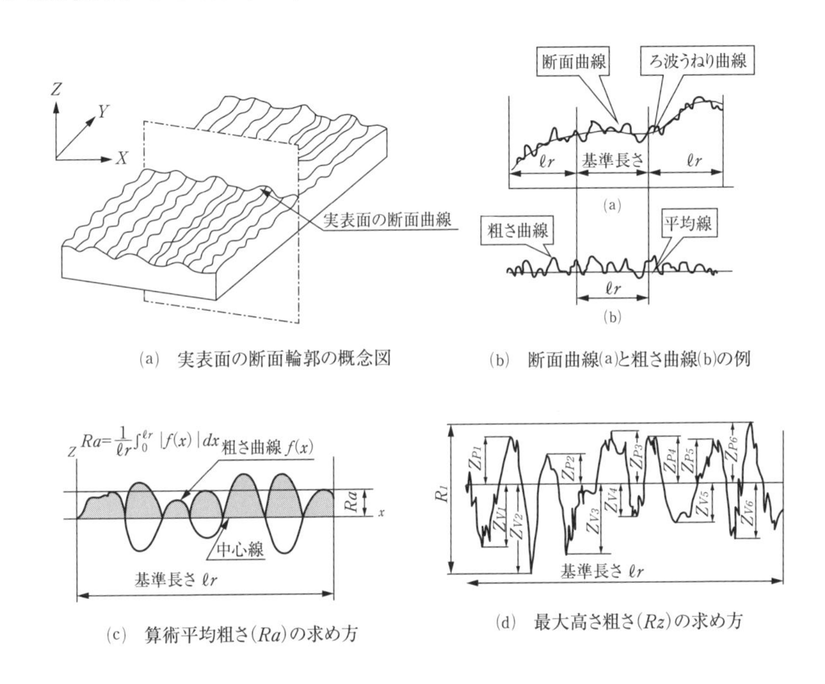


(a)　実表面の断面輪郭の概念図

(b)　断面曲線(a)と粗さ曲線(b)の例

(c)　算術平均粗さ($Ra$)の求め方

(d)　最大高さ粗さ($Rz$)の求め方

**図5.1　断面曲線と表面粗さ**[3]

算術平均粗さ($Ra$)は**図5.1(c)** に示すように輪郭曲線の高さ方向の絶対値平均を表しており，最大高さ粗さ($Rz$)は**図5.1(d)** に示すように測定箇所にある山の最高値と谷の最低値の和で算出される値である．表面粗さ測定で注意しなければならないのは，カットオフ値と基準長さである．カットオフは断面曲線から波長の長いうねり曲線と波長の短い粗さ曲線を分離するために設定する値であり，粗さ曲線として表示する最低波長が$\lambda$sで最大波長が$\lambda$cである．これらの値は表面粗さの値に影響するためJIS B 0601に規定されている[6]．

最大高さ粗さは，過去半世紀の間に記号が$Hmax$，$Rmax$，$Ry$，$Rz$と変わり，さらにややこしいことに$Rz$という記号は旧JIS B 0601(1994)では十点平均粗さで用いられてきた経緯があるので，文献などを参考にする場合には特に注意する必要がある．現在のJIS規格JIS B 0601(2013)では*Rzjis*として区別されている．*Ra*についても1982年制定のJIS規格B 0601までは中心線平均粗さの記号として用いていたが，現在のJIS規格では，算術平均粗さは*Ra*，中心線平均粗さは*Ra75*という記号に変わっている．

### 5.1.2　ショットピーニング加工面の表面粗さ

**図5.2**にショットピーニング(a)と研削加工(b)の表面粗さ曲線の例を示す．研削加工や切削加工では測定方向により全く異なった粗さ曲線となるが，ショットピーニング加工面はどの方向でも同様の粗さ曲線となる．もちろん，ショット径が極端に小さい場合やピーニング強度が弱い場合には前加工の粗さ曲線にショットピーニングの粗さ曲線が重なる結果となる場合もある．

**図5.3**は，鋳鋼ショットを用いて中炭素鋼(S45C)の焼なまし材に対して遠心式ピーニング装置で加工した場合の，ショットサイズ，ショット速度，被加工材の硬さがピーニング後の表面粗さに及ぼす影響を示したものである．用いたショットの硬さは600HV～800HVであり，被加工材の硬さの3倍程度硬い場合には，表面粗さはショットサイズと速度に比例し，被加工材の硬さの1/2乗に反比例する[7]．しかし，ショットの硬さが被加工材の硬さと同等の場合には**図5.4**中の○印で示しているように，被加工材の硬さと反比例の関係となり，被加工材硬さの影響は大きい[8]．

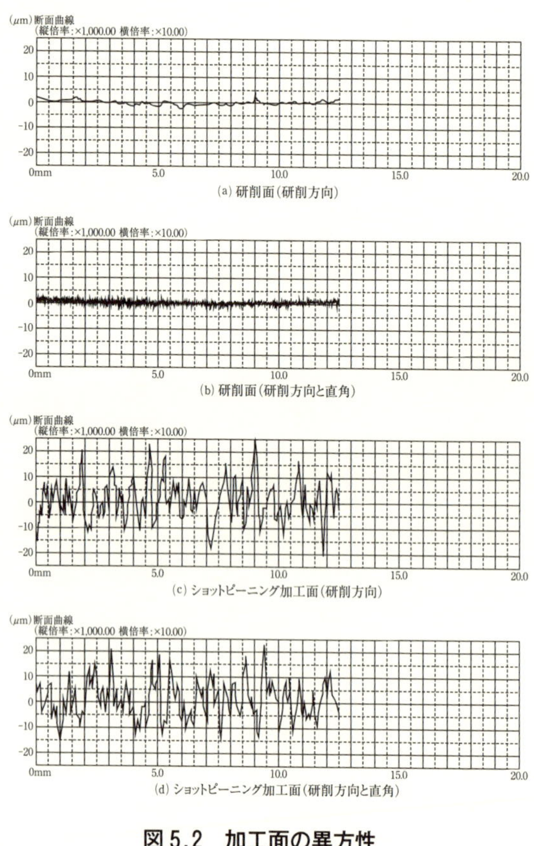


**図5.2　加工面の異方性**

**図 5.5** は，フルカバレージタイム($T_f$)以後の加工時間が表面粗さに及ぼす影響について，形状の異なる２種類の投射材（球形のショットと非球形のグリット）を用いて加工した場合の結果を示している．いずれもフルカバレージタイム以後の表面粗さの増加は僅かである[9]．

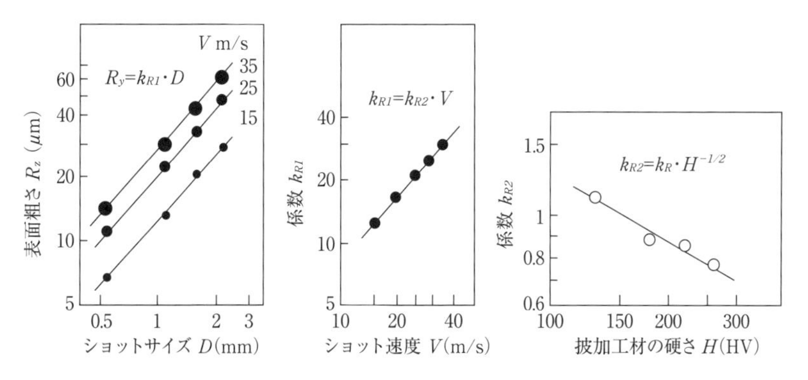


**図 5.3　表面粗さに及ぼすショットサイズ，ショット速度，被加工材の硬さの影響**[7]

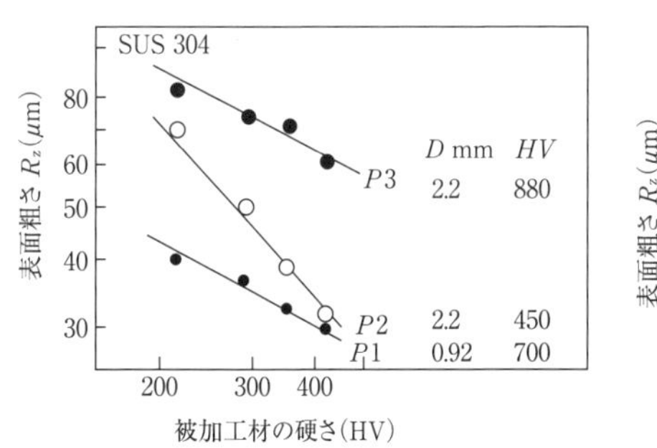


**図 5.4　表面粗さに及ぼす被加工材とショットの硬さの影響**[8]

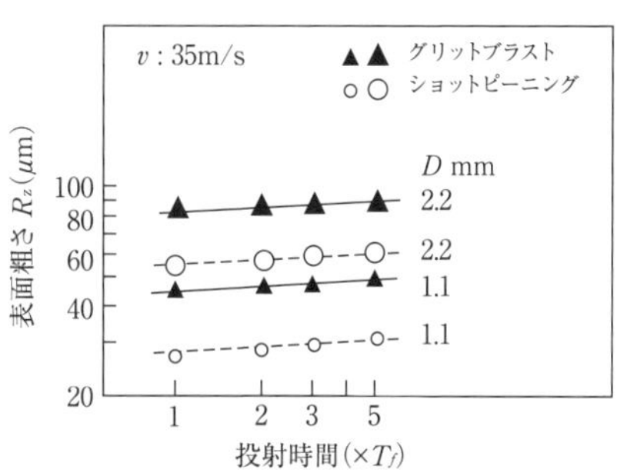


**図 5.5　表面粗さに及ぼす投射時間の影響**[9]

## 5.1.3　ショットピーニング加工面の機能性に関連する表面粗さ

近年，ショットピーニング面の機能性が着目され，放熱特性や耐摩耗性などについて検討されるようになってきた．このような場合には $Ra$ や $Rz$ などの表面粗さだけではその特性を正しく把握することは不十分であり，**図 5.6**[10] に示す負荷曲線についても理解することが必要となる．この負荷曲線は，同図(a)の断面曲線に横線を引いたときに，断面曲線下部の割合を横軸にとり，断面曲線における高さを縦軸に取って示したもので，曲線の形状は加工面の摩擦特性などと関連する．

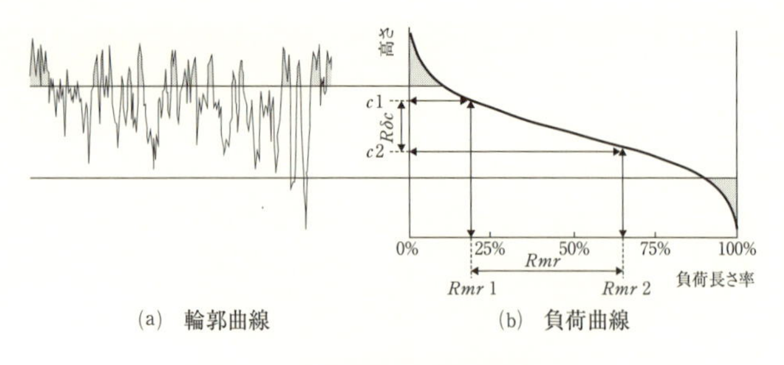


**図 5.6　輪郭曲線と負荷曲線** [10)]

ショットピーニングの応用分野が広がり評価の対象が拡大しつつある現在，**表 5.1** に示したような白色干渉計やレーザー顕微鏡などが安価になり，単に高さ方向のパラメータだけではなく横方向のパラメータや負荷曲線に関連する機能性パラメータも通常の測定でデータが得られるようになれば，ショットピーニング加工面の機能性と表面粗さとの関連性についてもより正しく評価できるようになるものと思われる．

## 5.2　顕微鏡による組織観察

ばねなどの焼入焼戻しでの表面近傍の脱炭や歯車などのガス浸炭焼入焼戻しで生じる不完全焼入組織（表面異常層ともいう）は，ショットピーニング加工における硬さの向上や圧縮残留応力に影響を及ぼす．脱炭，不完全焼入組織およびショットピーニング加工における塑性流動の程度などを評価する簡便な方法として，顕微鏡による組織観察がある．

顕微鏡による組織観察の概略の手順は以下のとおりである [11), 12)]．

①供試品を直角に切断する．

②切断面を研磨紙やバフなどにより，被研面の端部が丸くならないように注意して研磨する．通常，被研面の表面粗さは 1.6 μm 以下とする．

③洗浄後，体積分率 1.5 ～ 5% ナイタル（硝酸エチルアルコール溶液）または体積分率 2 ～ 5%のピクリン酸アルコールで腐食を行う．

④洗浄後，素早く乾燥させる．

⑤光学顕微鏡を用いて，供試品を一般に 100 ～ 500 倍の倍率で組織を観察する．

切断時に研磨焼けが発生しないように注意する．特に，乾式研磨機で切断すると，研磨焼けが発生する可能性があるので，湿式切断機で切断するのが望ましい．

また，被研面の端部が丸み防止には，合成樹脂に埋め込むか，留め金などで押さえて研磨するのがよい [11), 12)]．ただし，浸炭焼入焼戻しや浸炭窒化焼入焼戻しを施した製品を熱硬化性樹脂に埋め込むと，次の理由で組織の変化や硬さの低下が発生する．

1）一般に，浸炭焼入れや浸炭窒化焼入れ後の低温焼戻しは約 160℃の温度で行われる．したがって 160℃以上で硬化する熱硬化性樹脂に埋め込むと，さらに焼戻しが進行し，組織が変化し，硬さも低下する．

2）浸炭焼入焼戻しや浸炭窒化焼入焼戻しを施した製品のショットピーニングを施すと，表面近傍の残留オーステナイト（$\gamma_R$）の一部が加工誘起変態し，マルテンサイト（M）化する．この M は浸炭焼入れや浸炭窒化焼入れで得られる M と同じ高炭素 M なので，100℃以上の温度に加熱されると，低炭素 M と中間炭化物になる [13]．これにより，組織が変化し，硬さも低下する．

したがって，浸炭焼入焼戻しや浸炭窒化焼入焼戻しを施した製品の丸みを防止するためには，室温で硬化する樹脂または留め金を使用するのが望ましい．

一例を**図 5.7**，**図 5.8** および**図 5.9** に示す．

**図 5.7** は脱炭した鋼種 SAE1065 の焼入焼戻試験片の顕微鏡組織である．腐食は 3% ナイタルで行い，図中の白い部分はフェライト脱炭部，黒色部は焼戻 M 組織である．

**図 5.8** はガス浸炭焼入焼戻し後に二段ショットピーニングを施した鋼種 SCM822H の歯車の歯元表面近傍の組織である．この腐食液も 3% ナイタルで，表面が塑性流動していることがわかる．

**図 5.9** は鋼種 SCM822H のガス浸炭焼入焼戻試験片の表面近傍の粒界酸化を観察した写真である [14]．粒界酸化を観察する場合，腐食は行わない．表面のひげ状の黒い部分が粒界酸化部である．

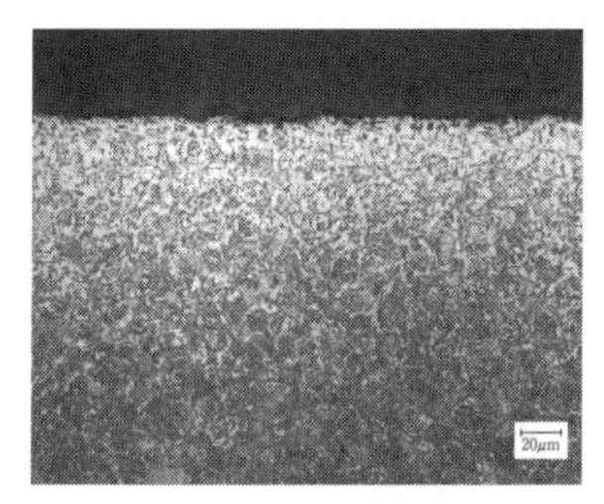


**図 5.7　SAE1065の焼入焼戻試験片の表面近傍の組織**

**図 5.8　二段ショットピーニングを施した歯車の歯元表面近傍の組織**

**図 5.9　SCM822H の浸炭焼入焼戻試験片の表面近傍の粒界酸化層** [14]

## 5.3　硬さ試験方法

疲労破壊における Stage Ⅰの抵抗因子は降伏応力，すなわち硬さである．ショットピーニングを施すことにより，加工硬化し，硬さが向上する．浸炭焼入焼戻しや浸炭窒化焼入焼戻しを施した製品は，通常の加工硬化と $\gamma_R$ の加工誘起変態によるマルテンサイト化の重畳効果で，硬さが大幅に向上する．

硬さ試験における供試品の作成手順は 5.2 で示した①と②と同じである．

硬さ試験方法には，正四角すい(錐)のダイヤモンド圧子を用いたビッカース硬さ試験 - 試験方法[15] と底面がひし形のダイヤモンド圧子を用いたヌープ硬さ試験 - 試験方法[16] があるが，一般に，ビッカース硬さ試験 − 試験方法を用いて，被検面の表面に対し垂直な直線に沿って順次硬さを測定し，硬さ分布曲線を得る[11), 12)]．なお，ビッカース硬さ試験の際の隣り合うくぼみの中心の間隔は，くぼみの対角線の長さの 2.5 倍以上とする[11), 12)] と規定されている．

また，試験力は 0.9807 ～ 4.903N で行うのが望ましい．

一例を**図 5.10** と**図 5.11** に示す．

**図 5.10** は，鋼種 S50C を調質後に軟窒化した試験片のキャビテーションピーニング(CP)前後の硬さ分布[17] であり，試験力は 2.942N，深さ 0.03mm のところから硬さ試験を行った例である．

また，**図 5.11** は，減圧浸炭(真空浸炭ともいう)焼入焼戻しを行った歯車の二段ショットピーニング(DSP)前後の試験片の硬さ分布である[18]．表面から 0.01mm までの深さは 0.9807N の試験力で，この深さ以降は 2.942N の試験力で硬さ試験を行った．

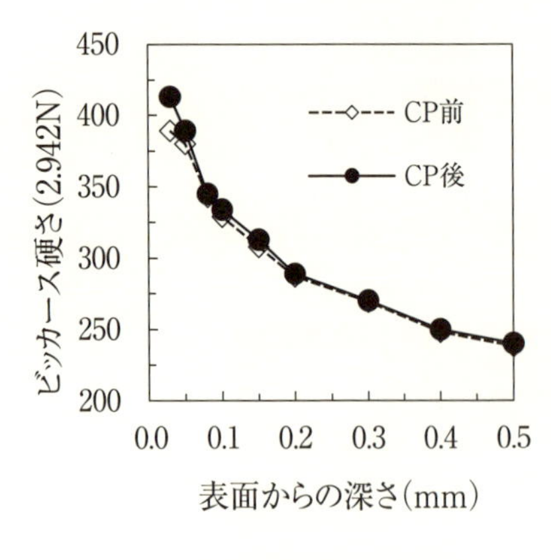


**図 5.10　CP 前後の硬さ分布**[17]

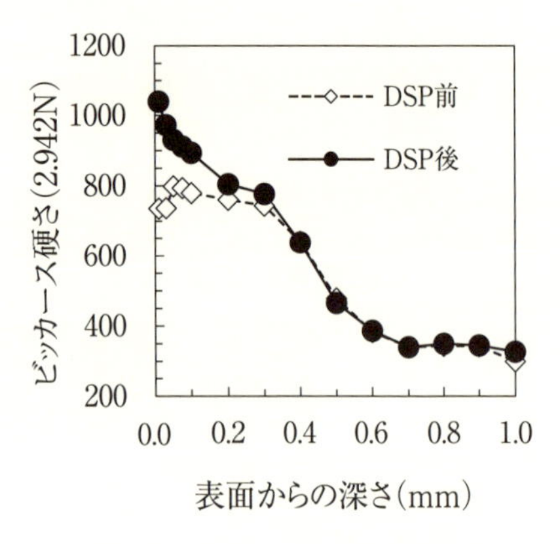


**図 5.11　DSP 前後の硬さ分布**[18]

## 5.4　X 線残留応力測定

ショットピーニングを行う目的の1つは，表面に圧縮残留応力を発生させることにより表面改質を図ることであるため，残留応力値が重要な品質管理指標の1つになっている．

ところで，ショットピーニングによって発生する圧縮残留応力は，表面近傍の極めて浅い層のみに分布しており，破壊的方法では測定できない場合が多い．

残留応力の測定方法としては，局部的に逐次無ひずみ的に除去しながら応力解放による寸法変化を精密に測定する破壊的方法と，X 線回折，陽電子消滅，超音波，透磁率変化，バルクハウゼン効果などの電磁気物理現象を応用した非破壊的方法とが一般的に知られている．この点，実物のままでできる現場の品質管理手法としては非破壊的方法が優れている．その中でも X 線回折法が今の所，最も信頼性の高い方法として採用されているので，測定物の結晶性状，物理的特性に対する最適条件設定方法，留意点などについて解説する．

### 5.4.1　表面形状

X 線応力測定法の原理上，測定部位の表面形状は板ばねのようにかなり広い平坦な部分を有することが望まれる．しかしながら，ショットピーニングのかかりにくい所は，凹凸面，細線，球面，切り欠き底など曲率面であることが多く，このような部位こそ応力測定する必要がある．ただし曲率面といっても，照射ビームとの相対比較した場合であって，たとえば直径の大きな圧延ロールでは殆ど平坦であると見なしてよい．一般的な市販装置の X 線照射面積は，およそ $\phi$ 0.1 ～ $\phi$ 4mm 程度まで絞れる装置と，$\phi$ 1 ～ 5 × 20mm$^2$ 程度である．従って，測定対象物の表面形状や後述の結晶粒の大きさにより，X 線照射面積をマスキングするか，適当な装置の選択を行わねばならない．

### 5.4.2　表面性状

X 線応力測定法における X 線有効浸透深さは，表面から高々数 $\mu$m の薄層までであり，この間のほぼ同一方位であって複数の同一結晶格子面間隔の変化率を求めている．従って，この薄層を含めた表面性状は，表面粗さ，塑性加工硬化層や拡散層などの深さ分布などの他に，酸化スケール，コーティングによるフィルム層の存在は，測定結果に大きな影響を及ぼす原因となるから，あらかじめどのような表面処理を行うべきか判断しなければならない．

ショットピーニング面は，カバレージの高いほど表面粗さは大きく，ミクロに見れば凹凸があり，平滑面ではない．したがって X 線照射すると，回折線の遮り，異常散乱などによりX線回折強度分布曲線がゆがめられ，真のピーク位置を求められないことがある．このような場合は，部分的な電解研磨，化学研磨などで逐次除去しながら，影響が及ばないと思われる深さで求めなければならない．ただし薄層の密度にもよるが，サブミクロン以下の厚みであれば，そのままX線を照射してもフィルム層による回折線強度の吸収減衰による見掛けの応力は僅かで，無視してもさしつかえない．

### 5.4.3　表面除去

表面除去の目的は，表面異常層，フィルム層を無ひずみ状態で除去するほか，深さ方向の残留応力分布を求める際に用いられる．方法としては，化学研磨による場合と電解研磨法がある．方法，器材については，材質に応じたそれぞれの調剤が文献，便覧などに記されており[19]，参照されたい．

電解研磨法は，X線照射部分のみ局部的に逐次除去でき，表面粗さも簡単に滑らかにすることができる．ただし，目標どおりの均一深さを保ちつつ除去することは困難なことが多い．この点，表面粗さはやや劣るが，化学研磨法は濃度と温度の時間を管理すれば，除去量を比較的正確にコントロールすることができ，全体をビーカーに入れられる程度の小さな物でよく行われている．

### 5.4.4　マスキング

深さ方向の残留応力分布の測定を行う場合，X線応力測定が今日のように普及するまでは，溶去法やザックス法などのように化学研磨あるいは切削などにより被加工材の断面積を変化させ，それに伴う被加工材の局部応力を弛緩し，材料力学的な仮定の下で算出していた．しかし，これに用いられている仮定は測定すべき被加工材の応力状態を忠実に再現できるものではなく，残留応力分布を変化させながら測定するという点で精度はかなり低いものであった．

これに対してX線回折を利用して深さ方向の残留応力分布を測定する場合には，マスキング法とよばれる方法がある．これは測定面のみ局部的に円形あるいは四角形に露出して，化学研磨あるいは電解研磨などにより逐次除去し測定する方法である．

一般にマスキングする部分の面積は測定物面の数％以下が望ましい．マスキング材としては，鉛やポリエチレンシートではなく，電気絶縁用の塩化ビニールテープが適している[20]．

### 5.4.5　結晶性状の見極め

実用金属材料には，単結晶体または無数の単結晶の集合体で構成されている多結晶集合体と，ガラスのように非晶質物質(アモルファス)とがある．このうちX線応力測定できるものは，結晶性を有した物質に限られ，ガラス質は測定できない．プラスチックや岩石なども結晶質ではあるが，結晶格子面間距離が大きすぎ，回折角度($2\theta$)が 120° 以上の高角度に充分な強度の回折面が存在しない場合が多く，困難であるためここでは除外した．

ところで，ストレインゲージが抵抗線の長さ変化から抵抗変化率を求めているように，X 線回折法では，金属結晶粒そのものの格子面間距離 d をひずみゲージとして用いており，試料面に対する同一結晶方位の変化率を求める方法である．この距離 d は実用金属材料の場合，およそ 2 ～ 5Å(0.0000002 ～ 0.0000005mm)程度であり，平均粒径は数 $\mu$m 以下の等方弾性体であることが望ましい．しかしながら現実には，そのような物は存在しないのが実態であり，様々な欠陥，粒内ひずみを含んだ状態での平均値を求めることにならざるを得ない．したがって測定精度は，これら結晶性状に大いに影響されるから，あらかじめ測定物の結晶性状をある程度知っておくことが肝要である．

**図 5.12** は，X 線応力測定で用いる $\alpha$-Fe(211)面の代表的な結晶性状を示す回折像である．(a)，(b)のように連続環(デバイリング)であれば，ほぼ理想的な微細結晶かつ等方弾性体の結晶状態といえるのに対し，(c)の鋳物，厚板のような粗大結晶粒では，斑点(ラウエスポット)状リングとなることがある．また(d)は冷間圧延のような強度の塑性加工を受けて，結晶方位が一方向にそろってしまう(集合組織)場合に現れる像である．これらの場合，X 線入射角によっては，きれいな回折強度分布曲線が得られず，測定精度が著しく低くなる恐れがあり，X 線入射角揺動法の適用などが必要である．

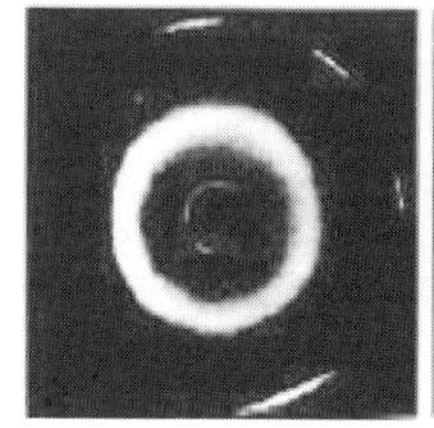

(a)微細粒状態
SKS5 830℃水冷

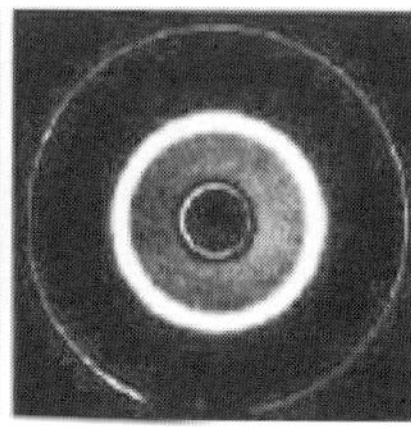

(b)サブサブミクロン粒径
S45C 880℃油焼入れ後，500℃焼戻し

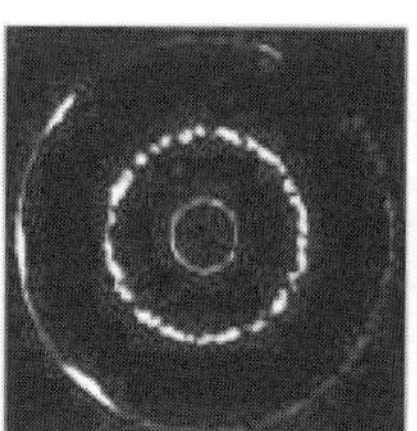

(c)粗大粒状態
S45C 焼ならし

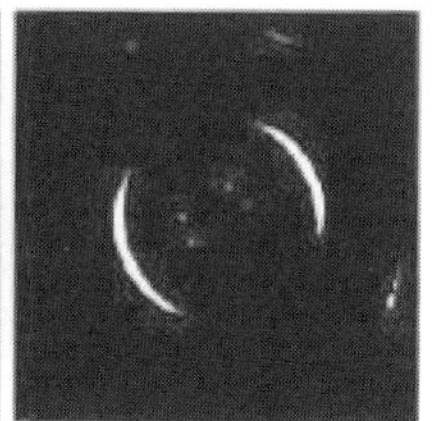

(d)結晶配向状態
SPCC1 冷間圧延

**図 5.12　炭素鋼の様々な結晶状態を示すデバイ環写真** [21)]

その他，これらの像から残留応力値以外の材料特性を非破壊的に推察することができる利点がある．(a)は(b)に比べ，デバイリングの幅広がり(半価幅値，FWHM)が大きく，残留応力値や，硬さが高いと見なせることができる．

また，X線入射角でピーク強度の一様性がない場合には，集合組織の有無を判定できる．

疲労破面へ照射した場合には，疲労前の半価幅値が損傷を受けることにより，結晶が微細化して広がり，電子顕微鏡による破面のフラクトグラフィーと同等に簡便判断できる場合がある．

### 5.4.6　回折面の選択

X線で求められるひずみ量$\varepsilon$は，ブラッグ角の変化率$\Delta\theta$に比例する，X線で求められるひずみ量は，学術的には$10^{-6}$という報告もあるが，市販の汎用装置の場合，せいぜい$10^{-4}$オーダ程度である．最も大切なことは，材質に応じたひずみ感度の高い回折面を選ぶことである．

$\Delta\theta$を大きな変化量として観測するためには，回折角$2\theta$が可能な限り120°から180°近くに現われる高角度回折面を選択する必要がある．一般に推奨されている実用金属材料のX線条件を**表5.3**に示した．

**表5.3　主な実用材料の材料定数，結晶構造と，X線応力測定条件一覧表**

(ヤング率，ボアソン比，$2\theta_0$は，理科年表などによる参考値)

| 披測定材質 | 結晶構造 | 格子定数 Å | 弾性定数 MPa/mm$^2$ | ポアソン比 $\nu$ | 特性X線 | 回折面 (hkl) | ピーク角度 $2\theta$° | X線応力係数 K |
|---|---|---|---|---|---|---|---|---|
| フェライト、鉄鋳物 マルテンサイト | BCC | 2.8644 | 205,000 | 0.28~0.3 | Cr K$\alpha$ | (211) | 156.4 | -316 |
| ステインレス | FCC | 3.656 | 193,000 | 0.3 | Cr K$\alpha$ | (220) | 128.8 | -620 |
| | | | | | Mn K$\alpha$ | (311) | 152.2 | -320.5 |
| Al, Al 合金 | FCC | 4.09 | 68,300 | 0.34 | Cr K$\alpha$ | (222) | 156.7 | -92 |
| | | | | | Cu K$\alpha$ | (333) | 164.0 | -62.8 |
| 銅、銅合金 | FCC | 3.615 | 110,000 | 0.36 | Cu K$\alpha$ | (420) | 144.7 | -224.5 |
| | | | | | CoK$\alpha$ | (400) | 163.5 | -102.3 |
| Ti 合金（6Al-4V） | HCP | — | 113,000 | 0.33 | CuK$\alpha$ | (213) | 139.0 | -277.0 |

表中の回折角$2\theta_0$は，物質の結晶構造と入射する特性X線の波長$\lambda$によって決定される固有値で，古くはICDD（International Centre for Diffraction Data）から膨大なデータベースが毎年追加され，CDなどの媒体で刊行されている．

### 5.4.7　鋳物のような複合混合相の場合

鋳鉄や 6-4 黄銅，加工誘起変態した SUS304 鋼などは，結晶構造が異なる混合相である．たとえば鋳物は，フェライト，セメンタイト，グラファイトの 3 相混合のうえ，さらに表面に厚いマグネタイト，ヘマタイトなどの酸化スケールが生成していることもある．これらは，それぞれ結晶構造ばかりでなく，弾性定数，降伏点強度，熱膨張係数などが異なり，全体としての残留応力はそれぞれの相の内部応力の和として平衡を保っている．一例として，6-4 黄銅の引抜加工後の残留応力は，$\alpha$ 相に引張り，$\beta$ 相に圧縮のまったく符号の異なる相間応力が存在し，釣り合っている．[22] この材料は，しばしば応力腐食割れを生じ，ひび割れが問題になることがあり，ザックス法のような破壊的測定方法では測定できないが，X 線回折法であれば，それぞれの相の応力を分離して測定できる特長がある．ただし各相が十分な体積率がなければならず，サブミクロンオーダーで析出した金属間化合物とか，数 % 以下の微量な残留オーステナイトでは，ほとんど測定不可能と考えた方がよい．

混合相を有する場合の X 線弾性定数 $K$ は，様々な便覧に載っている機械的弾性定数を用いるのではなく，それぞれの単一相の値を用いなければならない．例えば鋳物の場合，機械的ヤング率ではなく，フェライト相のヤング率 E を用いなければならない．

### 5.4.8　測定方法の選択

X 線の入射方法により，**図 5.13** の分類に示す測定方法がある，

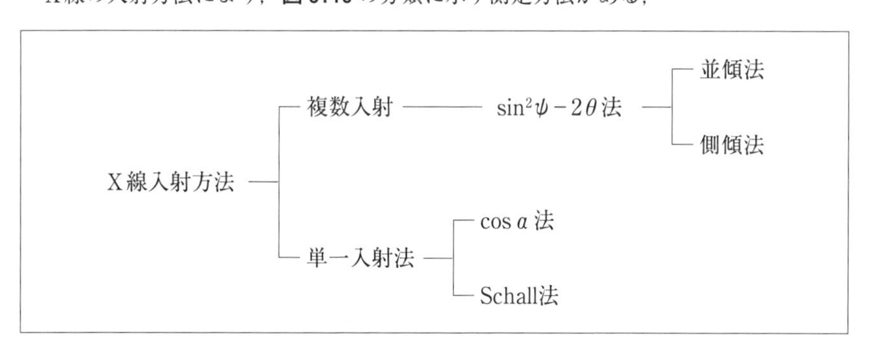


**図 5.13　X 線応力測定法の分類**

今のところ，最も信頼性の高い測定精度が得られる方法は，複数入射による $\sin^2\psi - 2\theta$ 法である．そのうち側傾法は，歯車歯底のような U ノッチ部の測定に適用する場合が多い．

単一入射法はショットピーニング面のように比較的微細結晶粒であって，測定時間

が短くて済むSchall法が昔から適用されてきていたが，最近では2次元イメージセンサを用いて，デバイリング全周のデーターを取り入れる cos α 法が短時間測定かつ測定精度の向上と相まって，多用されるようになっている．

### 5.4.9　X線入射角度と有効浸透深さ

X線入射角 $\psi$ は試料面法線を基準として傾斜入射させ，都度その方位の平均格子面間隔を求める作業の繰返しである．したがって，結晶格子面間隔の変化率を精度よく測定するためには，可能な限り多くの入射角をとる必要がある．その入射角間隔は，$\sin^2\psi$ で計算した値が等間隔となるように設定する．ただし，結晶方位の異方性が強い場合は，あらかじめテスト測定してみて，半価幅値がほぼ等しい入射角を選ぶべきである．

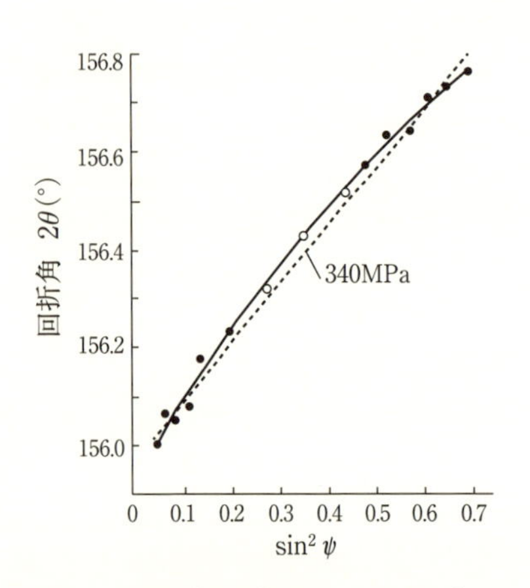


**図5.14　ばね鋼黒皮面ショットピーニング材の $\sin^2\psi$ 線図** [23)]

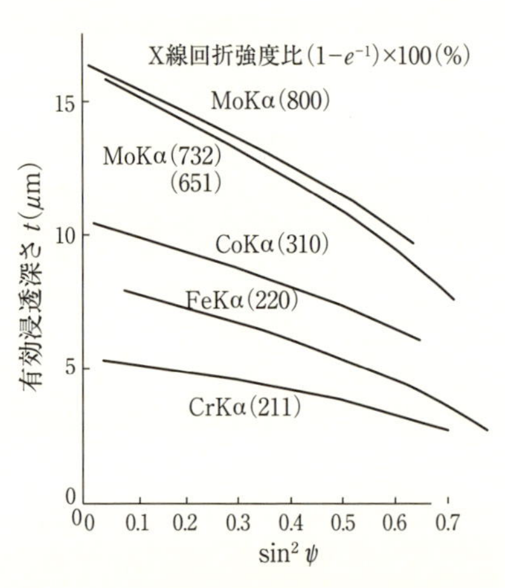


**図5.15　α鉄の回折線を各特性X線入射角 $\psi$ を変えたときの有効浸透深さ t の計算結果** [23)]

次に，ショットピーニングや研削面を測定する場合，$\psi$ 角を傾けて行くとX線の浸透深さが次第に浅くなり，**図5.14** に示すように $\sin^2\psi$ 線図が上に凸，あるいは下に凹になることがある．これはプサイスプリットと呼ばれ，X線浸透範囲内に急激な応力勾配が存在するためである．極端な場合は，応力の測定方向に対して，0 + 90°と 0 − 90°の2方向にエレプティカル測定した楕円形の $\sin^2\psi - 2\theta$ 線図の勾配を求めればよい．

X線有効侵入深さは，材質の密度と特性X線の波長に依存し，計算で求めた結果を**図 5.15** に示す．同一回折面であれば，長い波長の X 線ほど浅くなるから，最表面の残留応力値を重要視する炭素鋼のショットピーニングでは，CrK $\alpha$ 線が用いられる．

## 5.4.10　ゴニオメータの光学条件

回折強度分布曲線を求める測角器をゴニオメータと呼ぶ．応力測定に用いられるゴニオメータの光学系には，**図 5.16** の模式図に示す 3 種類がある．

現在市販応力測定装置の殆どが ± 2mm 程度のミスアライメントがあっても，見かけの応力が殆ど生じないソーラースリットを用いた平行ビーム光学系(a)で，大きな実機部品に対しても，ゴニオメータの焦点合わせが容易に行える特長を有している．その他に入射側のスリットがピンホールコリメータであって，検出器として CCD, PSPC などの半導体検出器を用いた光学系の装置(c)などがある．ソーラースリットの照射面積が 2 × 2 ～ 5 × 20mm$^2$ と広めであるのに対し，測定面積を $\phi$ 0.01 ～ $\phi$ 2mm に絞ることができる．ただし，照射点から検出器までの距離のミスアライメントがあると，見かけの応力が直線的に増加するため，厳密に設定する必要がある．

(b)の集中ビーム法は，被測定物を粉末状にして精密格子定数を測定するための X 線回折計でとられている光学系であり，応力測定する場合は，$\psi$ 毎に変る焦点円に沿って検出器を $2\theta$ 走査しなければならない．また，回転中心である $\theta$ 軸に対する僅かな測定物設定誤差により，見掛けの応力を生ずる欠点などがあるため，お勧めできる方法ではない．

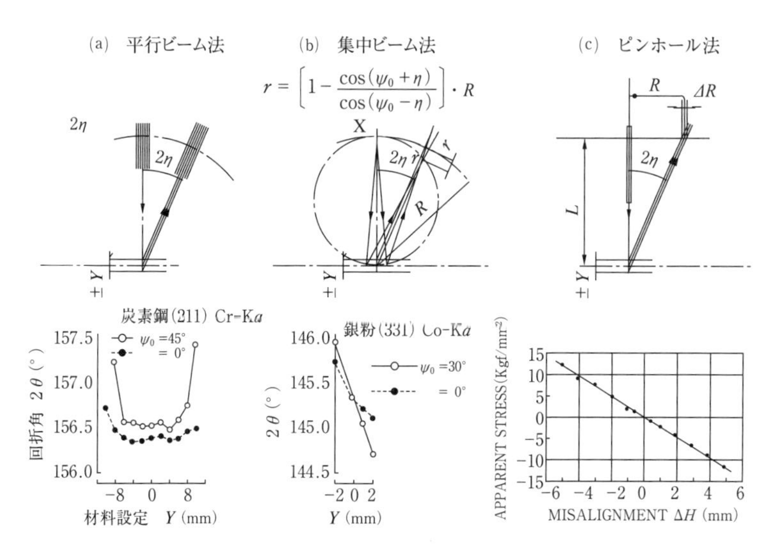


**図 5.16　各光学系概念図とミスアライメント(Y)に対する回折角のシフト量**

### 5.4.11　X線入射角度の設定

精度良く測定するには，複数のX線入射角を変えて測定する $\sin^2\psi - 2\theta$ 法が良い．ショットピーニング後の表面は，ほぼ異方性の無く，X線応力測定に理想的状態であると考えて良く，測定時間短縮の目的であれば，$\cos\alpha$ 法のような単一入射法でもよい．

$\sin^2\psi - 2\theta$ 線図の横軸は，試料平面に対する結晶方位角 $\psi$ を示す．X線入射ビームが試料面に垂直入射した状態を，理論式で示される $\psi$ を $0°$ と呼称する場合（$\psi_0$ 一定法）と，$\sin^2\psi$ 値がゼロとなる場合（$\psi$ 一定法）で設定する場合がある．その場合は，次式により計算して設定する．

$\psi$ 一定法　；$\sin^2\psi$ そのまま

$\psi_0$ 一定法；$\sin^2\psi(\psi_0 + \eta)$，ただし，$\eta = 180° - 2\theta°$

現在市販装置の多くは $\psi$ 一定法で入力する形式となっている．

### 5.4.12　X線的弾性定数

多結晶集合体のヤング率とよばれる材料の弾性定数は，引張試験とか音速などによって求められている．熱処理された高硬度鋼やセラミックのように微細結晶粒の集合体の場合は，等方性に近く，このような方法で求められた値を計算に用いてもさしつかえない．しかしながら，結晶単体でみると弾性率は，結晶面方位により異なった値をもっている．たとえば強圧延した薄板では，圧延方向と幅方向では異なることがよく知られているが，これは圧延により結晶方位がそろい，極端な表現をすれば単結晶のようになっているためである．したがって，方位によりヤング率が異なるため，結晶のひずみ量も線形ではなく，$\sin^2\psi$ 線図の直線性が損なわれる．このような場合，既知の外力 $\sigma$ を4点単純曲げ負荷し，そのひずみ $\varepsilon$ をX線的に求め，$\sigma$-$\varepsilon$ 線図の勾配をX線的弾性定数として用いている．

また，未知の材料や，炭素鋼であっても，固溶炭素量で差があると考える場合は，4点単純曲げ負荷法で求めた値を使う．

### 5.4.13　装置の検定

装置を新たに購入した際には，その後の経時変化が無いか否か時々チェックすることが肝要である．

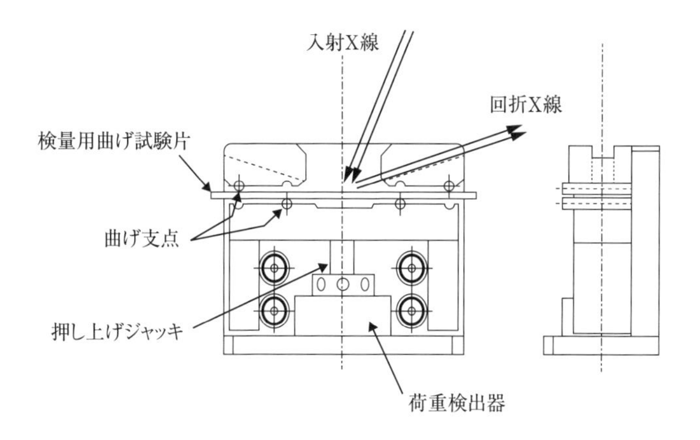


**図 5.17　4点曲げ負荷装置** [24)]

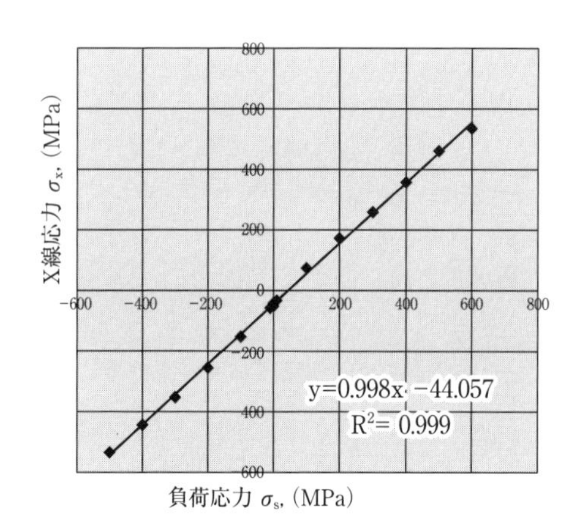


**図 5.18　外部負荷応力に対する X 線的応力値の検定結果の一例**

その方法として，鉄粉末での無ひずみ検定や**図 5.17** に示す 4 点曲げ負荷装置による外部負荷応力との検量線の一例を**図 5.18** に示す.

またこの負荷装置により**表 5.3** に示す応力定数 $K$ を実測材料に即して求め直たり，未知材料の X 線弾性定数を求めることもできる.

### 5.4.14　測定値の信頼性評価

X 線応力測定を実行するにあたり，測定物の結晶状態，表面形状，表面処理，X 線の最適条件の決め方，解析の仕方など，実際の手順に沿って，解説，留意点を述べてきたが，本章では，これらの総括も含め，得られた X 線応力値の信頼性をどのように評価するか，まとめることにする．

最近のパソコン付き X 線応力測定装置は，回折線強度分布曲線が得られれば，何らかの応力値を測定精度も計算して出力してくれるようになっている．しかしながら，5.4.2 ～ 5.4.12 までで説明したように，様々な要因を理解していないと，結果を正しく評価できないばかりか，絶対値のみが独走する危険性すらある．

そこで，$\sin^2\psi$ 線図，FWHM, ピーク強度のもつ特性から，逆にどのような誤差要因が含まれているか，再整理してみると，次のとおりである．

① FWHM, ピーク強度のばらつきもなく，$\sin^2\psi$ 線図の直線性がよい場合；
結晶が微細かつ均一の大きさで，深さ方向にも何の変質層もない被測定材であり，結果をそのまま信用することができる．たとえば，ばね鋼，軸受鋼，浸炭焼入れ鋼，セラミックなどの場合は，このような結果が，得られやすい．

② FWHM は均一であるが，ピーク強度が $\psi$ により変動し，$\sin^2\psi$ 線図が 3 次曲線状にうねる場合；
結晶の方位が特定の方向にそろってしまっている場合で，冷間圧延薄板，深絞り，研削加工面，めっき，CVD，PVD などが施された物に現われやすい．

③ FWHM，ピーク強度，$\sin^2\psi$ 線図がともにばらつく場合；
巨大結晶であるか，回折線ピークが微弱である場合に現われる．前者は，鋳物，厚板，溶接金属のような場合であり，後者は fcc 系金属，3 元系合金である場合が多い．

④ FWHM は均一であるが，$\sin^2\psi$ 線図が下または上に湾曲する場合；
測定表面直下，数 $\mu$m 層に急激な応力分布を有する場合で，高硬度材の研削面，ショットピーニング面などに生ずる場合がある．

⑤ 測定精度の表示法
$\sin^2\psi$ 線図の勾配の信頼限界値（$1-\alpha$）を 1 $\sigma$ 標準偏差に相当する 68.3% で求め，X 線応力定数を掛け合わせて表示する．したがって，この測定精度はあくまでも，①～④の度合いを示すものであり，いわゆる絶対値ではなく，材料特性によるものか，誤操作なのかを判定する目安と理解したほうがよいであろう．

## 参考文献

1）キーエンスホームページ，http://www.keyence.co.jp/product/
2）JIS B 0601，2013，製品の幾何特性仕様（GPS）－表面性状，輪郭曲線方式－用語，定義及び表面性状パラメータ（ISO 4287 1997），㈶日本規格協会.
3）植松育三，高谷芳明，初心者のための機械製図 第4版，森北出版，（2006）pp.100-101.
4）JIS B 0633，2001，製品の幾何特性仕様（GPS）－表面性状，輪郭曲線方式－表面性状評価の方法及び手順（ISO 4288: 1996），㈶日本規格協会.
5）JIS B 0651，2001，製品の幾何特性仕様（GPS）－表面性状，輪郭曲線方式－触針式表面あらさ測定機の特性，（ISO 3274: 1996），㈶日本規格協会.
6）吉田一朗，表面粗さ－その測定法と規格に関して－，精密工学会誌，78（4），（2012）pp.301-304.
7）当舎勝次，ショットピーニングによる機械部品の表面改質，砥粒加工学会誌，57（12），（2013）pp.770-773.
8）Iida K.，Tosha K.，Work-Softening Induced by Shot Peening for Austenitic Stainless Steel, Proc. of ICSP5,（1993）pp.311-318.
9）当舎勝次，飯田喜介，グリットの球形化と加工面の特性，砥粒加工学会誌，42（4），（1998）pp.159-164.
10）吉田一朗，表面粗さ－その２　ちょっとレアな表面性状パラメータの活用方法－，精密工学会誌，79（5），（2013）pp.405-409.
11）JIS G 0558，鋼の脱炭層深さ測定方法（2007）
12）JIS G 0557，鋼の浸炭硬化層深さ測定方法（2006）
13）日本鉄鋼協会編，鋼の熱処理（改定５版），pp.62-63.
14）松井勝幸，二段ショットピーニングによる粒界酸化層の無害化，ショットピーニング技術，26（1），（2014）pp.2-7.
15）JIS Z 2244，ビッカース硬さ試験－試験方法（2009）
16）JIS Z 2251，ヌープ硬さ試験－試験方法（2009）
17）松井勝幸，石上英征，福田晋作，安藤 柱，キャビテーションピーニングによる軟窒化材の曲げ疲労強度向上，ショットピーニング技術，18（1），（2006）pp.2-7.
18）松井勝幸，福岡和明，岩田 均，三阪佳孝，真空浸炭窒化と二段ショットピーニングとを組合せた複合表面改質材の表面特性と曲げ疲労強度，ショットピーニング技術，18（3），（2006）pp.1-9.
19）田島　栄，電解研磨と化学研磨，産業図書
20）小木曽克彦，ばね及び復元力応用講演会論文集，（2010）日本ばね学会，p.1.

21) 小木曽克彦，第23回X線材料強度に関する討論文集，(1986) 日本材料学会，pp.20
22) 本田和男，有間淳一，材料，13(135)(1964)，pp.930-937.
23) 日本材料学会編，X線材料強度学，(1971)，養賢堂，p.258.
24) 小木曽克彦，秋季講演会論文集，(2003)，ばね技術研究会，p.31.

# 第6章

# ショットピーニング加工条件と管理の方法

ショットピーニングの加工条件は**表 1.4** に示したような加工条件，ショットの種類，被加工材に関するものがあり，これらの組み合わせによりピーニング強度，カバレージ，被加工材の特性などが変化するため，ピーニング効果も変化する．

ショットピーニングの加工の管理は，一般的に①ピーニング強度（インテンシティ）②カバレージ③被加工材の変質の評価などにより行われている．ピーニング強度および，カバレージは加工条件を決定するための基準や目安となっている．

## 6.1　ショットピーニングの方法と効果

**図 6.1** にショットピーニングの方法と効果を示す．この図は，ばねを中心としてショットピーニングの目的と被加工材の形状並びに大きさが決まれば，どのような加工方法が適当であるかがわかるようになっている．

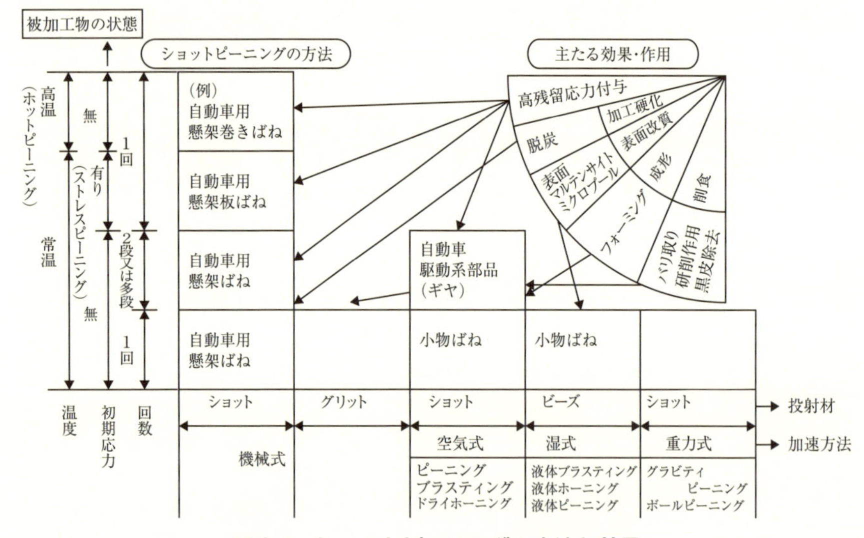


**図 6.1　ショットピーニングの方法と効果**

例えば，自動車用懸架巻きばねに高圧縮残留応力付与を目的としたショットピーニングを行う場合には，遠心式ショット加速装置により初期的な付加応力なしで1回のホットピーニングを行えばよい．

目的とするピーニング効果を得るには，その目的に応じた適切な加工条件を決定する必要がある．しかし，**図 6.2** の特性要因図に示すように，関連する因子は非常に多く，初めてショットピーニング装置を導入する場合は，装置メーカー，ショットメーカーなどと共に加工の目的や仕様などについて十分に検討する必要がある．

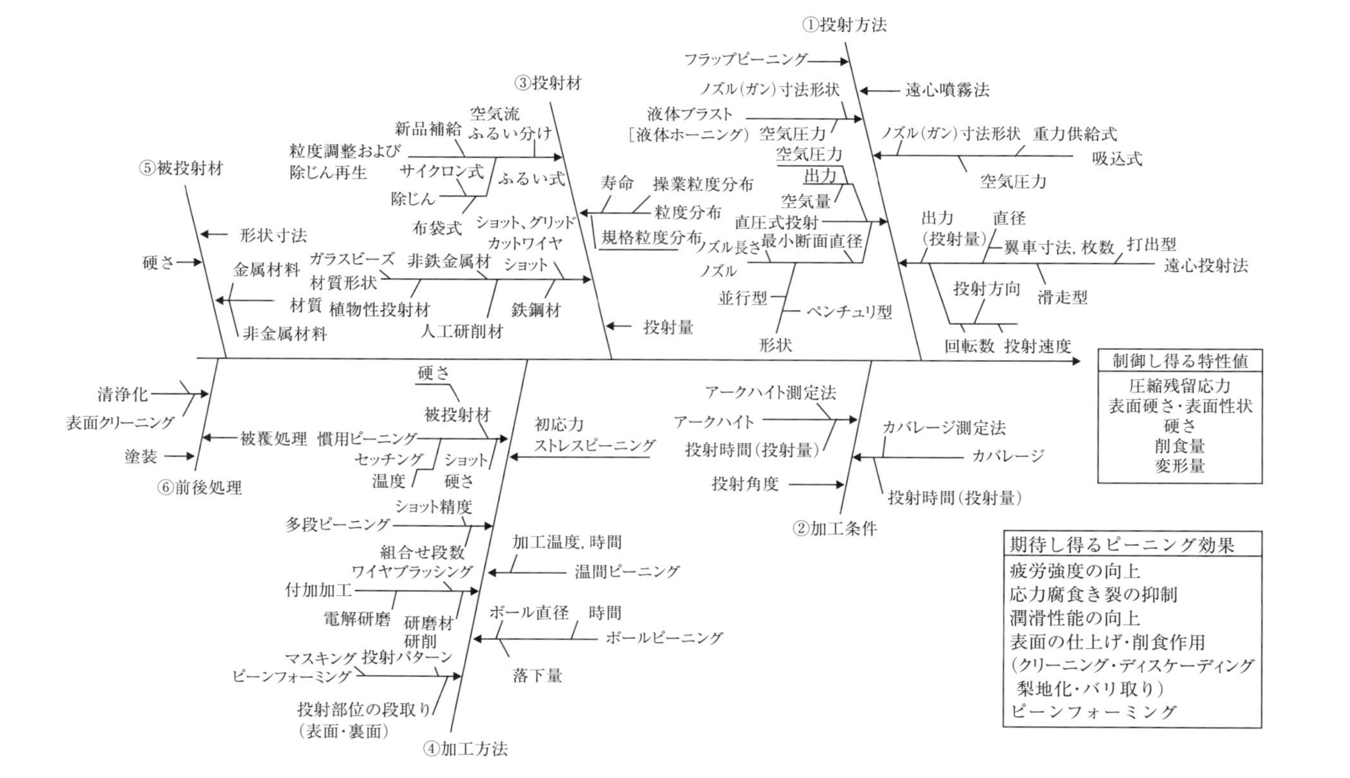


**図 6.2　制御し得る特性値に対する特性要因図**

## 6.2　加工条件

### 6.2.1　ショットの加速方法

詳細な解説は，第4章に譲るとして，現在主に用いられているショットの加速装置として，翼車の遠心力を利用する遠心型加速装置と圧縮空気を利用してノズルから噴出させる空気式加速装置がある．両者はショットの加速状態やショット流の広がり（分布）が異なるので，使用する加速装置によって表面粗さ，圧縮残留応力の分布，加工硬化の程度やその深さなどが異なり，結果的にピーニング効果に対して影響を与える．

**表1.4**の中でも，ショットの粒度，速度，比重は加工エネルギに直接関係する特に重要な因子である．加工エネルギはショットの運動エネルギの総和を表すものであり，ショットの比重，粒径の3乗，速度の2乗に比例する．したがって，大きい粒径のショットを使用するとピーニング強度は増加するが，一方では時間当たりに投射，もしくは噴出されるショットの個数は減少するので加工能率は低下する．

ショットの材質や特性値の中で，ピーニング強度に影響を与える要因は比重と硬さである．ショットの速度が同一であれば**図6.3**および**図6.4**に示すように比重や硬さが高いほどピーニング強度も高くなる．空気式加速装置で加工する場合には比重が増加すればするほど加速性が低下する．遠心型加速装置を使用すれば比重に関係なく一定の速度で加工を行うことができる．一方，機械的な接触箇所が多い構造のため，ショットの破砕の点などから鋼系のショット以外，例えばガラスビーズなどはあまり使用されない．一般的なショットの硬さは400-800HV程度であるが，ショットの硬さが被加工材の硬さより3～4倍以上大きい場合には被加工材に及ぼす影響の差は小さい．

### 6.2.2　疲労強度に影響する因子

ショットの直径は，後述する速度とともにピーニング強度に関係する最も重要な因子であり，直径0.1～1.0mm程度のものが主に用いられている．

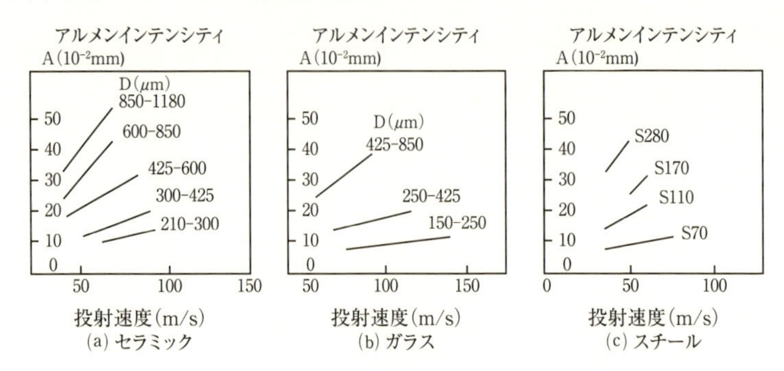


**図6.3　ショットの材質とピーニング強度**

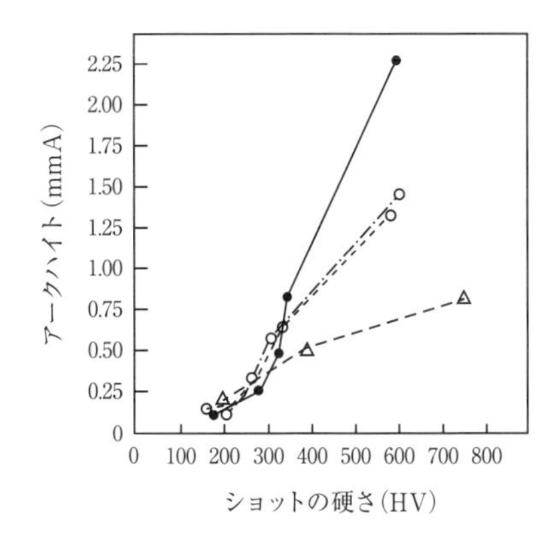


図 6.4 ショットの硬さとアークハイト[2)]

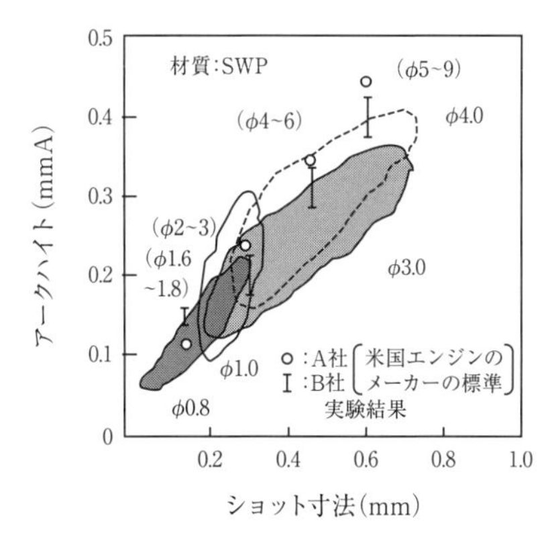


図 6.5 ショットの粒径とアークハイト[3)]

ショットの直径を変えることにより**図 6.5** に示すようにピーニング強度を大きく変化させることが可能である．ショットピーニング装置に投入してあるショットの入れ替え作業は時間が多くかかるため，入れ替え作業を前提としたショットピーニング工程は作業能率を著しく損なう．

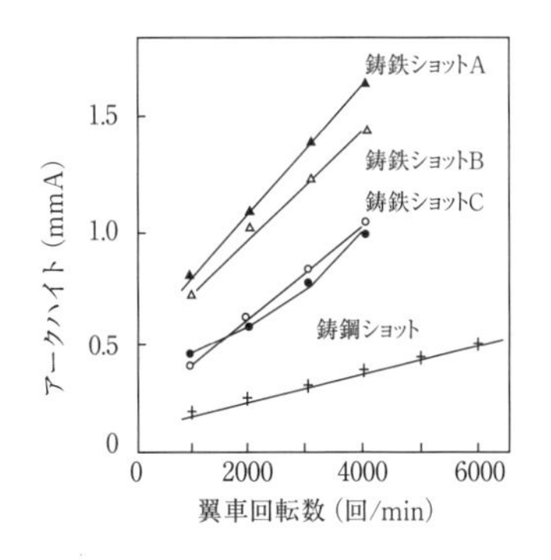


図6.6 ショットの速度とアークハイト[4)]

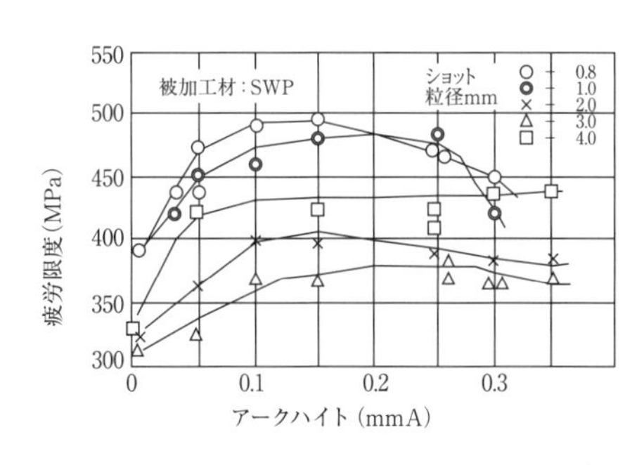


図 6.7 アークハイトと疲労限度[5)]

ショットの速度も**図 6.6** に示すようにピーニング強度に大きく影響する因子であり，30 ～ 80m/s 程度が主に使用されている．ショットの速度はピーニング強度にばかりでなく，ショットピーニングの能率を向上させるには都合の良い因子であるが，速度が大きくなるとそれだけショットの破砕や被加工材の変形なども増加するので，被加工材の特性に十分配慮することが肝要である．空気式加速装置では，ショットの直径が小さい場合にはその速度が 100m/s をこえる時もある．

ショットの直径や速度が大きいほどピーニング強度も高くなるが，高すぎるとオーバーピーニングという現象が現れ，**図6.7**に示すように十分なピーニング効果が得られなくなる場合がある．

### 6.2.3　ショットの流量と単位面積当たりのショット密度

ショットの流量と単位面積当たりのショット密度は主としてショットピーニング加工の能率に対して関係する因子であり，ピーニング強度には影響しない．基本的にはショットの流量が多いほど被加工材に衝突するショットの個数も増加し，能率が向上するが，ある程度以上になるとショット同士の衝突が起こり，逆に能率が悪くなる場合がある．また，ショットの衝突による発熱が被加工材に蓄積し高温になる場合，その影響を考慮する必要がある．

### 6.2.4　ショットの入射角

ショットの被加工材への入射角度は90°（ショットが加工面に垂直に衝突）にすべきである．ショットの入射角の減少は被加工材に対する衝撃力を減少させるとともに，単位面積当たりのショットの密度を減少させるので，ピーニング強度は低下する．やむを得ない場合でも，60°以上であることが望ましく，ショットの入射角が30°以下の場合には被加工材に対する衝撃力が1/2以下になり十分なピーニング効果は期待できない．

### 6.2.5　加工時間

投射もしくは噴出されたショットは加工時間の増加とともに被加工材に衝突し被加工面は痕ですべて覆い尽くされる．これをフルカバレージと呼ぶ，この加工時間はフルカバレージタイムといい，ショットピーニング加工の基準となっている．しかし，実際の部品ではフルカバレージの判定が困難な場合が多いため，簡便な方法として後述するアルメンストリップを用いてフルカバレージ時間を評価することがある．

### 6.2.6　ホットスポットと重ね合わせ

投射もしくは噴出されたショットは**図6.8**に示すような分布をとるが，それぞれの加速装置の性能によって変化する．この分布が狭いほど集中度が高くなり，分布内での加工能率が向上する．この加工能率の高い範囲をホットスポットと呼ぶ．

分布内でもショットの分散状態は均一でなく，被加工材が分布内に入りきれない場合や不均一な加工となる場合には，均一に加工できるようにホットスポットを適当に重ね合わせながらショットピーニング加工を行う．

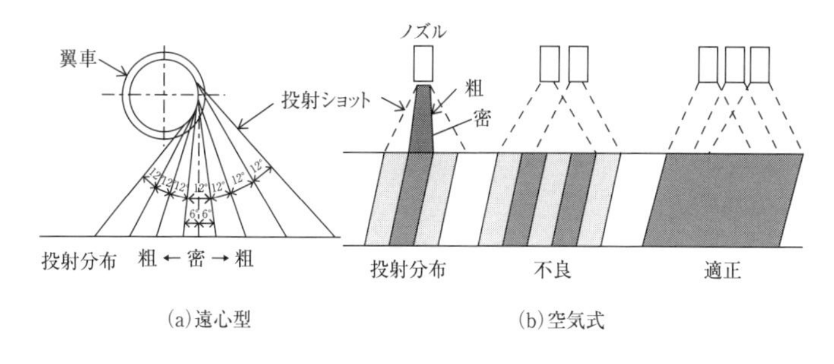


**図6.8　ショットのホットスポット** [6)]

## 6.3　被加工材

　ショットピーニング条件が同一であっても被加工材の材質，機械的性質，寸法形状，加工履歴などにより加工面の状態や加工の程度が変化し，ピーニング効果も異なったものになる．

　ショットピーニングの加工条件の設定がかなり大ざっぱであっても，ある程度のピーニング効果が得られるが，被加工材にはそれぞれ異なった最適加工条件が存在するので，そこを狙って加工条件を設定するべきである．

### 6.3.1　材質

　ショットピーニングの対象となる被加工材は，鋼以外にも航空機で使用されるアルミニウム合金やチタン合金などがあり，ピーニング効果もそれぞれ異なる．

　軟らかい被加工材には変形や表面粗さの増加を抑えるために比較的弱いピーニング強度で加工する．しかし，熱処理や変形などにより，被加工材の変形能が限界となっているものには，その後のショットピーニングにより微細なクラックが生じることがある．

　**図6.9**に示すように被加工材によりショットピーニング後の硬さや残留応力が著しく変化するので，ピーニング効果も当然異なったものとなる．

　熱処理により発生した残留オーステナイトをショットピーニングによって体心立方晶化することにより，**図6.10**に示すように単に圧縮残留応力や加工硬化のみの影響により大きなピーニング効果を発生させることが可能である．

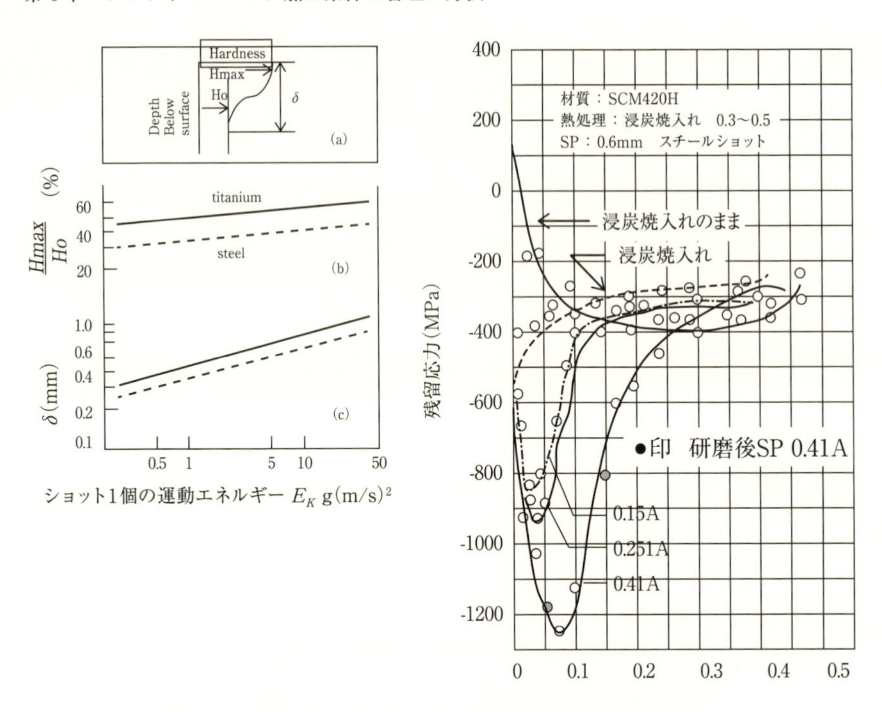


**図6.9　残留応力と硬さに及ぼす被加工材の材質の影響** [7)]

非鉄金属やステンレス鋼などをスチールショットによりピーニングする場合には，ピーニング強度だけでなく加工面の汚染にも十分配慮する必要がある．

ステンレス鋼やアルミニウム合金の加工面にスチールショットの汚れが転写され，環境によっては赤錆が発生したりすることがある．加工面の汚染を避けるにはスチールショットの場合に較べてピーニング強度は落ちるが，ガラスビーズ，セラミックショット，ステンレスショットなどを使用しショットピーニングを行うことが多い．ピーニング強度の点でスチールショットを使用せざるを得ない場合には，加工後ガラスビーズによる加工を行い，被加工面汚染を除去している．

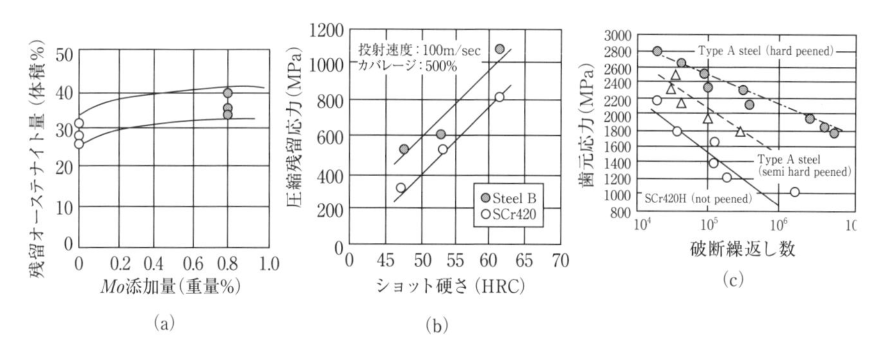


**図6.10　残留オーステナイトのマルテンサイト化と疲労強度**[8)]

### 6.3.2　ショットピーニング後の処理

ショットピーニングは多くの場合，最終の加工工程として行われている事が多い．したがって，ショットピーニング後に作業を行う場合には次の点に配慮する必要がある．

(1)　防錆など表面保護コーティングを行う以外は，不必要な作業によって浸食やひっかき傷などの損傷，ならびに有害な残留応力を生じさせてはならない．

(2)　チタン合金，アルミニウム合金，およびステンレスなどの合金鋼に対してスチールショットを用いた場合は表面の汚染を除去することが望ましい．

(3)　ショットピーニング後の表面粗さの改善のためホーニング，ラッピングなどの軽度の加工（アークハイト値の10%をこえない範囲）を行ってもよい．

(4)　被加工物の端部のロールオーバまたはふくれなどが生じた場合には，端部の面を均一に修正することもある．

## 6.4　アルメンゲージシステム

### 6.4.1　アークハイト

板材の片面のみをショットピーニングすると加工面が一様に叩き延ばされるため，**図6.11**に示すように円弧状に変形する．一般に加工の程度が大きいほど変形量も大きいので，ピーニング強度の指標の１つとされており，アルメンストリップ（試験板）の湾曲高さによって表わしている．これによるピーニング強度の標示法は，簡便であるため現在最も広く普及しているやり方である[9)]．

また，翼車やノズルがショットとの摩擦などにより損耗すると，ショットの分散状態が変化しアークハイトも変化するので，アークハイト値はショットピーニング装置を管理する目的にも利用されている．

アークハイトは，以下に述べるようにアルメンストリップ，アルメンストリップホルダ，アルメンゲージを使用して測定する．

**図6.11　ショットピーニングによる変形**

### 6.4.2　アルメンストリップ

アルメンストリップは**図6.12(a)** に示すように，板厚によってN，AおよびCの3種類があり，材質や硬さは規定に適合するようにつくられている[10)]．

同一のショットピーニング条件におけるアルメンストリップN，AおよびCのアークハイトの読みの関係を示したものが**図6.12(b)** である．

アルメンストリップそれぞれの使用範囲は**表6.1** に示すようにAストリップが基準となっている．Aストリップはアークハイト値が0.15～0.60mmの範囲で使用し，それより低い値の場合にはNストリップを，それより高い場合はCストリップを使

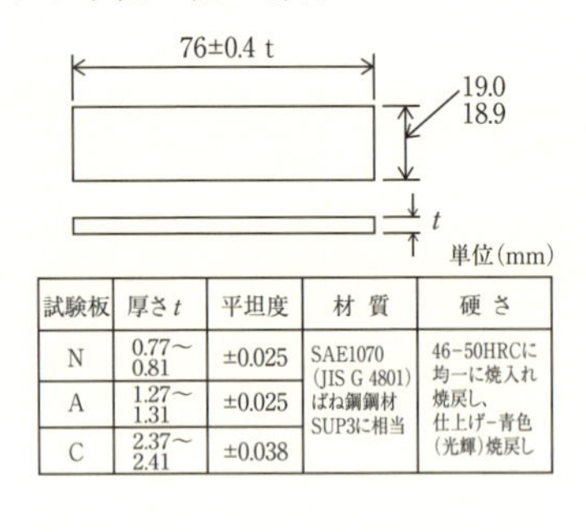


| 試験板 | 厚さ $t$ | 平坦度 | 材質 | 硬さ |
|---|---|---|---|---|
| N | 0.77～0.81 | ±0.025 | SAE1070 (JIS G 4801) ばね鋼鋼材 SUP3に相当 | 46-50HRCに均一に焼入れ焼戻し、仕上げ-青色(光輝)焼戻し |
| A | 1.27～1.31 | ±0.025 | | |
| C | 2.37～2.41 | ±0.038 | | |

(a)アルメンストリップの寸法(mm)

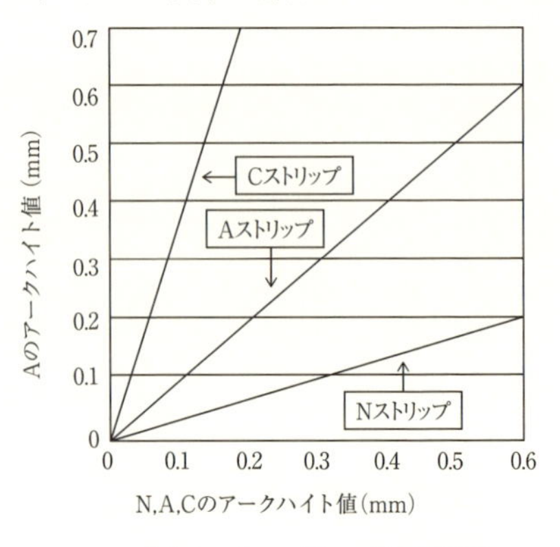


(b)アークハイトの相互関係

**図6.12　アルメンストリップの寸法・形状とアークハイトの相互関係**

**表 6.1　アルメンストリップの種類とアークハイト値使用範囲**

| アルメン ストリップの種類 | アークハイト値の使用範囲 |
|---|---|
| N | 0.15mmAより小さい |
| A | 0.15以上～0.60mmA以下 |
| C | 0.60mmAより大きい |

用するのが標準とされている[11]．

### 6.4.3　アルメンストリップホルダ

標準の形状ならびに寸法を示したものが**図 6.13** であり，その硬さはアルメンストリップと同程度が望ましいとされている．

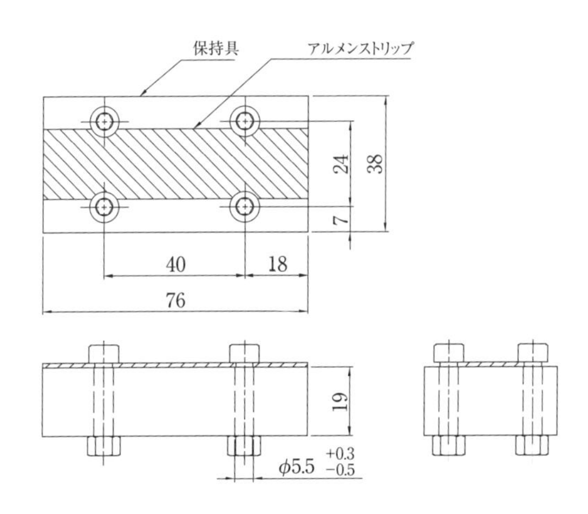


**図 6.13　アルメンストリップホルダの寸法（mm）**

### 6.4.4　アルメンゲージ

アルメンストリップのアークハイトを測定するもので，**図 6.14** にその寸法・形状を示す．最近，精度が高く（1 μm まで表示）簡易に測定できるデジタル式のものも開発されている．

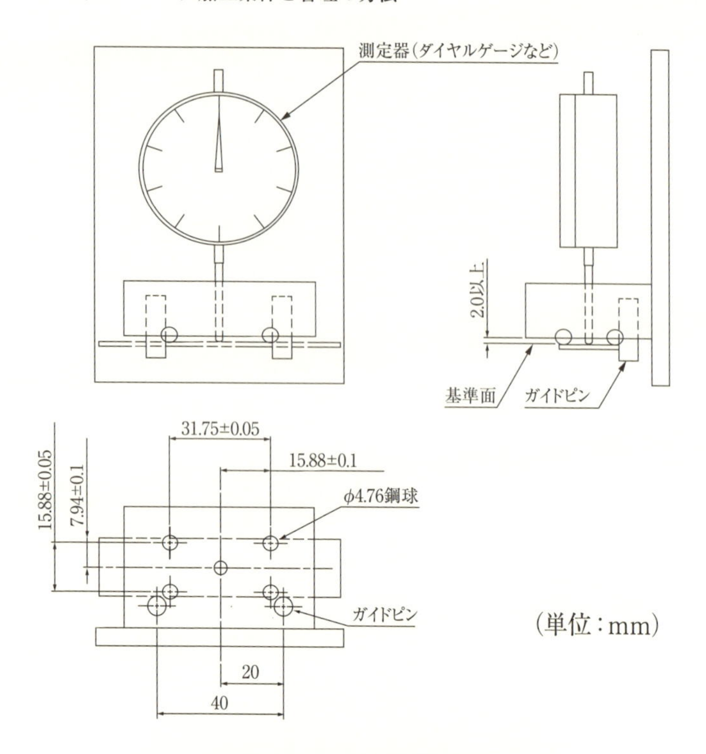


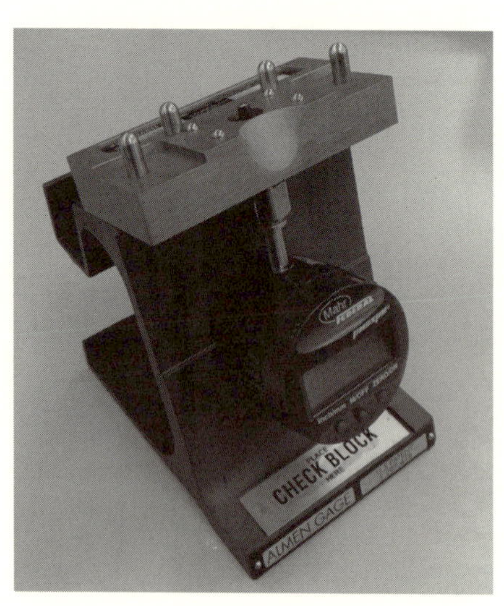


図6.14　アルメンゲージの寸法と外観

### 6.4.5　アークハイトの測定方法

アークハイトの測定は次のような順序で行う.

⑴　アルメンストリップをゲージに当てて，その零点およびアルメンストリップの平坦度を確かめ，必要があれば零点の調整を行う.

⑵　アルメンストリップの零点を確かめた面を保持具側とし，それらの中心を合わせて 4 箇所均等の力で締め付け，固定する.

⑶　ピーニング強度を測定する所に，アルメンストリップが被加工物と同一条件になるように投射角などに注意してセットし，ショットピーニングする.

⑷　アルメンストリップを保持具より取り外し，ショットピーニングしていない面をゲージにセットしてアークハイトを測定する.

⑸　アークハイトの表示は，次の例のように（アークハイト値，アルメンストリップの種類）の順に書く.

例　0.35mmA，0.20mmC，0.25mmN，

### 6.4.6　アークハイト測定についての諸注意

アークハイトを正確に測定するためには，以下のような点に留意する必要がある.

⑴　アルメンストリップ

①湾曲量の少ないもの（0.02mm 程度以下）.

②錆や汚れのないもの.

③脱脂.

⑵　アルメンゲージ

①ダイヤルゲージのスピンドル先端の測定子には汚れや摩耗のないこと.

②アルメンストリップをセットする球面には汚れや摩耗のないこと.

⑶　保持具

①アルメンストリップの接触する部分に測定に影響する傷や汚れを付けないこと.

### 6.4.7　アークハイトに関する実施例

規定のアルメンストリップは 1944年にこの方法が開発された当初の被加工材に合わせたものであるため，最近の高硬度・高強度材に対しては十分に対応できない場合もでてきている．被加工材とアルメンストリップとの材質が著しく異なる場合には，測定されるアークハイト値が被加工材の性質を反映しないことや，投射条件が異なっても同一のアークハイトが達成できることなど，ショットピーニングの評価法としては必ずしも十分でない点もある.

## 6.5 カバレージ

カバレージは正確にはエリアカバレージ（またはビジュアルカバレージ）のことであり，加工面積Aに対する痕面積の総和Bの比より求められるものである．ショットピーニングの加工時間はフルカバレージタイムが加工基準となっている．本来カバレージは，被加工物に生成される痕を観察し決定される．しかし，被加工物実体の痕面積の測定が困難な場合は，6. 5. 1で解説する標準測定法にのっとり，被加工物と同一材質で硬さが等しい試験片を作成し，代替する．この方法では，試験片の作成が必要であり手間がかかるため，アルメンストリップを用いた便宜的フルカバレージタイムを用いることもある．

エリアカバレージの測定方法には，標準測定法，簡易測定法がある．

### 6.5.1 標準測定法

(1) 被加工物と同一材質で硬さが等しい試験片を作成する．

(2) 加工面をバフなどにより鏡面仕上げする．

(3) アルメンストリップホルダに取り付ける．

(4) 被加工物の測定箇所に加工面が同一条件になるように保持具とともにセットするか，同一条件になるようにしてショットピーニングする．

(5) アルメンストリップホルダより取り外した試験片の加工面3箇所を顕微鏡により撮影し，20～50倍の拡大写真を作成する．

(6) プラニメータが切り抜いた紙の重量比などにより痕の総面積を算出する．

(7) 加工面積AとA内の痕面積の総和Bより，次式から算出する．

$$\text{カバレージ} \qquad C = (B/A) \times 100\%$$

(8) 3箇所の平均値を計算し，エリアカバレージとする．

ただし，100%カバレージすなわちフルカバレージを定量的に測定することが困難な場合は，98%をもってフルカバレージと見なしてよいことになっている．

### 6.5.2 簡易測定法

(1)～(4)は標準測定法と同一

(5) アルメンストリップホルダより取り外した試験片の加工面を25倍程度のルーペで観察し，**図6.15**に示す標準写真との対比により判定する．

カバレージの測定には前期の方法以外に，被加工物の材質や形状などによりカバレージを測定することが困難な場合はダイスキャントレーサ（MT特許）を用いる場合がある．これは蛍光性の液体であるが，乾燥後はショットの衝突などにより剥離するため，ピーニング後に紫外線をあて，蛍光体の有無を観測しフルカバレージかどうかを判定する方法である．

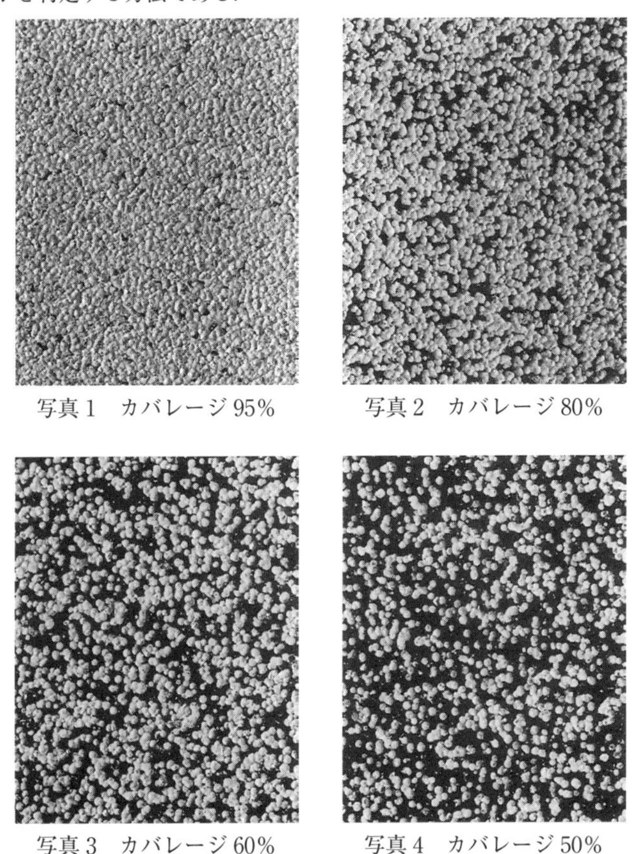

写真1　カバレージ95％　　写真2　カバレージ80％

写真3　カバレージ60％　　写真4　カバレージ50％

**（CW0.7鋼線ショット，ショット速度65m/s，倍率25倍）**

**図6.15　カバレージ標準写真** [12]

## 6.6　インテンシティ

ショットピーニングの加工を行うとき，設備の条件を設定する必要がある．遠心式であれば，モーターの回転数，空気式であれば圧縮空気の圧力や，ショットの直径や硬さ，単位時間当たりのショット流量であるが，これらは，ショットピーニング加工の強さに対して独立して影響を与えているわけではなく相互に影響しあう．そのため，ショットピーニング加工の強さを表す指標として，インテンシティと呼ばれるパラメータが必要である．ここでは，インテンシティの取得方法について説明する．

①最低4枚のアルメンストリップを用意し，任意の加工時間を決定し，その2倍，4倍，8倍の加工時間でアルメンストリップをショットピーニング加工する．所定の投射条件でショットピーニングを行い，**図6.16**に示すように加工時間とアークハイトとの関係のグラフを描く．

②任意の時間t1とその2倍の時間t2におけるアークハイトh1とh2を得る．

③h2のh1に対する増加率が10%を超えない最少のt1時間におけるアークハイトをインテンシティと呼ぶ．またこの作業を飽和曲線作成（サチュレーションカーブ作成）と呼ぶ．

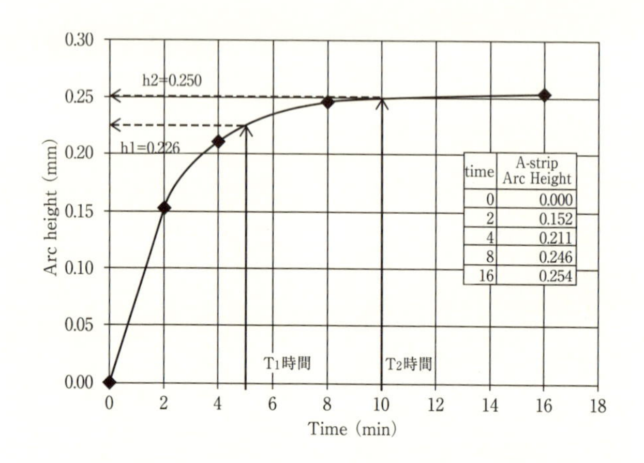


| time | A-strip Arc Height |
|---|---|
| 0 | 0.000 |
| 2 | 0.152 |
| 4 | 0.211 |
| 8 | 0.246 |
| 16 | 0.254 |

**図6.16　加工時間とアークハイトの関係**

インテンシティの求め方は，SAE J443で規定されている．具体的には，**図6.16**に示すように，2倍の時間ショットピーニングを行った場合の増加率が10%未満となる最大の時間におけるアークハイト値である．

アルメンストリップホルダは，**図6.17**に示すように，加工対象となる製品の表面とアルメンストリップの表面が一致するように固定されることが推奨される．また，アルメンストリップホルダの固定は，溶接ではなくボルトによる締結が推奨される．

設備の使用条件変更やメンテナンスを行った後などは，再度飽和曲線を作成し，インテンシティを求める必要がある．

図 6.17　アルメンストリップホルダの固定

## 6.7　生産現場における運用

特にアメリカの航空宇宙産業におけるショットピーニング加工では，インテンシティとカバレージが必ず製作図において指示される．インテンシティは，加工条件の強さの指示であり，カバレージは加工時間の指示としてとらえることができる．インテンシティはサチュレーションカーブから得られる値である為，任意のカバレージで加工されたアルメンストリップのアークハイトはインテンシティと同じにならない．

一方，日本においては，ショットピーニング後の被加工材に現れる圧縮残留応力値や硬さ，表面粗さの変化といったショットピーニングによる作用が重要視され，研究開発段階でそれらのピーニング作用が達成された時のアークハイトが，ショットピーニング条件を代表する値として理解される．この場合の，アークハイト値の実際の運用としては，ショットピーニング条件設定時における加工の強弱の目安に用いられる．

実際の生産ラインにおいて，アークハイトはショットピーニング装置の日常管理に用いられることが多い．これは，航空宇宙産業でも自動車産業でも同様である．特に，日本の自動車産業においては工程能力指数による工程管理が行われるが，アークハイトがそのパラメータとして用いられる．

## 参考文献

1）Barzoukas H., セラミックショットによるステンレス鋼のショットピーニング, ショットピーニング技術, 4-1, (1992), p.1.
2）内山, 上正原, 熱処理ショットの寿命, 三菱鋼材研究報告, 53-5, (1953), p.5.
3）JSMA, No.1, ショットピーニング作業標準, (1982), p.18.
4）内山, 上正原, ショットの寿命試験, 附アークハイトの測定について, 三菱鋼材研究報告, 52, (1952), p.23.
5）JSMA, No.1, ショットピーニング作業標準, (1982), p.16.
6）Plaster H.J., Technical Aspects of Shot-peening Machinery and Media, Proc. of ICSP, (1981), p.83.
7）Iida K., Tosha K., Surface and Affected Layer of Shot Peened Tiuanium, Proceedings of 1st Japan International SAMPE Symposoum, (1989), p.99
8）松本隆, ショットピーニング技術協会シンポジウム教材「浸炭鋼へのショットピーニング」, (1994), p.20.
9）JIS B 2711, ばねのショットピーニング (2013) p.7.
10）JIS B 2711, ばねのショットピーニング (2013) pp.5-6.
11）JIS B 2711, ばねのショットピーニング (2013) pp.6-7.
12）JSMA SD001, ショットピーニング規格 (2002) p.21.

# 第7章

# ばねと歯車に対する
# ショットピーニングの
# 作用・影響・効果

ばねや歯車の疲労限度の大きさは，ばねや歯車の重量や寸法に影響を及ぼし，結果として機械全体の重量や大きさを制限する．そのため，ばねや歯車の疲労限度向上に向けた技術開発は過去より材料，熱処理そして表面処理の分野で着実に続けられてきている．このなかでも表面処理技術であるショットピーニングは疲労限度向上に目覚ましい効果を示すことが知られますます重要な技術となっている．そこで本章では，ばねや歯車の疲労限度向上へのショットピーニングの作用・影響そして効果について述べる．

## 7.1　ばねへのショットピーニングの適用

ばねは硬さ600HVを上回るものもあり高硬度で使用される．このため，下限界応力拡大係数範囲一定条件でき裂の大きさと疲労限度の関係が決定できない微小き裂問題となるとされている[1)]．そこでHaddadの方法によって硬さと欠陥寸法と応力比を用いたき裂材の疲労限度予測式を紹介する[2)3)4)]．さらに，ショットピーニング加工条件の基本となるカバレージとアークハイトの意味について述べるとともに，ばねに適用される各種のショットピーニング条件の内容と意味について紹介する．

### 7.1.1　ショットピーニングの重要さ

ばねの種類には，板ばね，コイルばね，スタビライザ，トーションバー，皿ばねなどがありそれぞれ形状が大きく異なる．また，ばねの大きさも，種々ある．小さいコイルばねでは，コンタクトプローブ用の線径0.02mmでコイル外径0.08mmと髪の毛以下のものがある．一方，大きなコイルばねでは建機用で線径90mmコイル外径340mm，コイル高さ1500mmと大きいものがある．ばねにショットピーニングを行う場合，ばねの形状や大きさの違いからショットピーニングマシンタイプの選定やショットピーニング加工条件，ショットサイズ，硬さ，投射速度，投射量などの選択に配慮しなければならない．この時，アークハイトやカバレージは目標値を達成できていなくてはならない．他の機能部品と同様ばねにも省エネルギーを目的とした軽量化とコンパクト化への努力が求められている．コイルばねの重量$w$は **式(7.1)** のように表わされる．

$$w=\frac{2G\rho P^2}{k\tau^2} \tag{7.1}$$

ここで，$G$は横弾性係数，$\rho$は密度，$k$はばね常数，$P$は荷重，$\tau$は設計応力（疲労限度）である．$k$と$P$はばねの仕様で与えられるから変更出来ない．そこで，ばねの軽量化への指針は次のようになる．$G$と$\rho$はTi，Al，Mgなどの軽量材料を選択すれば重量$w$を下げる可能性がある．しかし，式（7.1）では$w$は設計応力$\tau$の2乗に逆比例している．Ti，Al，Mg などの軽量材料の疲労限度 $\tau$ は通常の高強度鋼と比べかなり小さい．$\tau$ を大きくできない結果，Ti 以外は Fe よりばね重量は大きくなり，軽量化が達成できていないようである．一方，鋼のばねは，研究開発が盛んで，益々疲労限度の高い高強度高靭性材料が開発されてきている．さらに本章の目的であるショットピーニングによる疲労限度向上によってばねの軽量化を達成してきている．さらに，鋼では窒化などの表面処理とショットピーニングとの組合せも一般化されつつあり，将来ばねの軽量化材料として鋼は従来通り重要な位置を占め続けると考えられる．したがって，ショットピーニング技術開発はますます重要になってきている．

### 7.1.2　ばねの疲労破壊過程と疲労限度予測 [2),3),4)]

ばねの疲労破壊の過程も通常の金属の疲労破壊過程，2.1.3 節の**図 2.3** と同様である．コイルばねの表面破壊を例にとると，最初に第Ⅰ段階に相当するせん断応力面に沿った半円状の表面き裂が発生し，内部へ進展する，このせん断き裂の大きさはショットピーニングが施されている場合は，圧縮残留応力のクロッシングポイントの深さにほぼ一致し，おおよそ 0.2 ～ 0.3mm 程度の大きさとなる [5)]．その後，第Ⅱ段階のき裂材の材料硬さ依存性，平均応力依存性から，き裂は最大主応力面に沿って進展し，ばねを分離破断させる．第Ⅱ段階のき裂長さ $a$ を有するき裂材の疲労限度 $\Delta\sigma_{th,R=R}$ は応力比を $R=\sigma_{\min}/\sigma_{\max}$ として，大き裂での下限界応力拡大係数範囲 $\Delta K(L)_{th,R=R}$ と平滑材の疲労限度 $\Delta\sigma_{w,R=R}$ とから式（7.2）のように与えられる．ここで，応力拡大係数範囲は次式とする．$\Delta K=F\cdot\Delta\sigma\sqrt{\pi\cdot a}$，$F$ はき裂の形や応力の負荷方向による係数で形状係数である．半円状表面き裂では $F$=0.66，円盤状介在物では $F=2/\pi$ となる [6)]．

$$\Delta\sigma_{th,R=R}=\left\{\left(\frac{F\sqrt{\pi a}}{\Delta K(L)_{th,R=R}}\right)^2+\left(\frac{1}{\Delta\sigma_{w,R=R}}\right)^2\right\}^{-1/2} \tag{7.2}$$

ここで，$\Delta K(L)_{th,R=R}$ と $\Delta\sigma_{w,R=R}$ にばね鋼の場合の硬さ HV と応力比 $R$ の依存性を考慮すれば，式（7.3）と式（7.4）が得られる．

$$\Delta K(L)_{th,R=R}=(1-R)^{0.71}\times(5.514\times10^{-5}\times HV^2-0.0775\times HV+3.0335) \tag{7.3}$$

$$\frac{\Delta\sigma_{w,R=R}}{2}=\frac{(1-R)}{(1.205-0.795R)}\times(1.633\times HV-20.6) \tag{7.4}$$

ここで，式（7.3），式（7.4）を式（7.2）に代入して式（7.5）得られる．この式はばね鋼の場合の任意のき裂長さと硬さそして応力比を有するき裂材の $10^7$ 回の疲労限度を示す式となっている．

$$\Delta\sigma_{th,R=R}=\left\{\left(\frac{F\sqrt{\pi a}}{(1-R)^{0.71}\times(5.514\times10^{-5}\times HV^2-0.0775\times HV+3.0335)}\right)^2+\left(\frac{1.205-0.795\times R)}{(1-R)(3.266\times HV-41.2)}\right)^2\right\}^{-1/2} \quad (7.5)$$

式（7.5）は表面破壊だけではなく介在物からの破壊にも適用できる．

式（7.5）の実用性は**図7.1**によって説明される[7]．**図7.1**は，ばね鋼SUP7，SUP9，SUP12，SUP12Vを用い，焼入れ焼戻し熱処理で硬さを475HV~655HVとした疲労試験片にショットピーニングを行い，応力比R=－1の回転曲げ疲労と応力比R=0.1の片振り疲労試験を行った結果である．大量の疲労試験結果であるが，ショットピーニングにより表面起点の破壊が抑制され全て材料内部の非金属介在物を起点としたフィッシュアイを形成する疲労破壊である．介在物の大きさは最小5μm，最大145μm，平均値22μmであった．さらに，起点となった非金属介在物の位置はショットピーニングによる圧縮残留応力がゼロとなるクロッシングポイント付近に位置している，したがって起点部にはショットピーニングの残留応力は作用していない．したがって，起点部の応力は表面での応力に深さ方向の応力勾配を考慮することで決定される．また，起点となった非金属介在物の大きさは偶然に支配され，起点に作用した応力同様に試験片一本毎にバラバラであり全く統一性がない．一方，式(7.5）によって，硬さや応力比そして介在物の大きさを指定されれば試験片1本毎の$10^7$回の疲労限度を求めることが可能である．そこで，試験片1本毎に起点に作用した応力振幅$\varDelta\sigma$と式（7.5)の$\Delta\sigma_{th,R=R}$との比$\varDelta\sigma/\Delta\sigma_{th,R=R}$と折損寿命の関係を**図7.1**のように求めた．すべての折損データは，鋼種，硬さ，応力比に無関係に$\varDelta\sigma/\Delta\sigma_{th,R=R}>1$に分布しかつ$\varDelta\sigma/\Delta\sigma_{th,R=R}$が小さくなるとともに寿命は長くなり，ほぼ1で，すなわち$\varDelta\sigma$が$\Delta\sigma_{th,R=R}$に近づくにしたがって折損寿命$10^7$~$10^8$回の寿命に分布することがわかる．したがって，式（7.5）で求められる疲労限度はばね鋼切欠き材の$10^7$回寿命の予測値とみなせる．

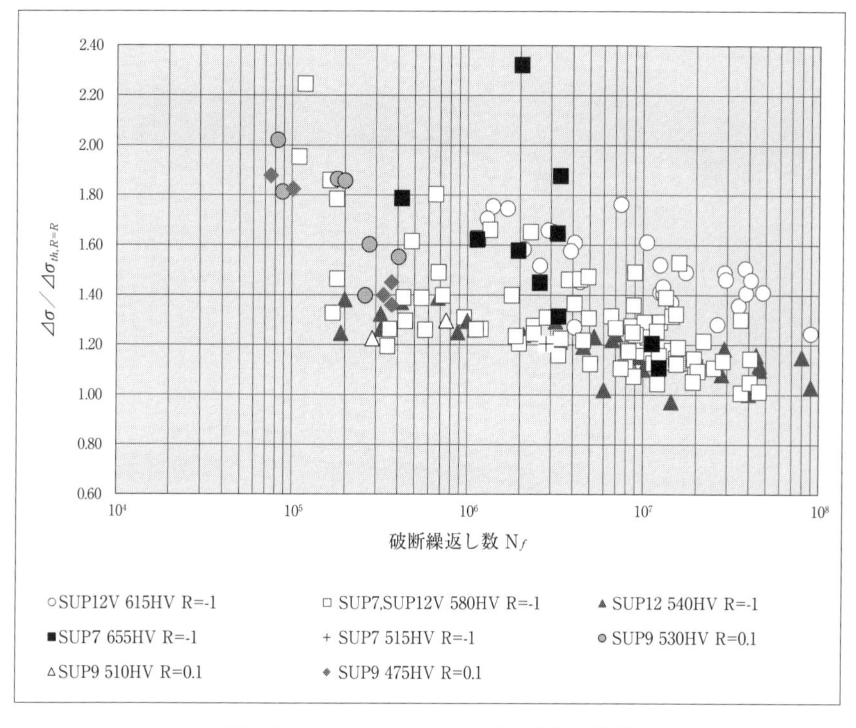


**図 7.1　$\Delta\sigma/\Delta\sigma_{th,R=R}$ と寿命 Nf の関係**

## 7.1.3　ばねの疲労限度とアークハイト

ばねにおける SP の最適加工条件とは，ばねの疲労限度を最も高める加工条件になる．表面欠陥や大きな非金属介在物などの内部欠陥がない場合は，SP されたばねの疲労限度は，ショットによる表面圧痕の大きさ，表面近傍硬さそして表面の圧縮残留応力分布で決定される．すなわち，表面圧痕が小さく，表面硬さが高くさらに表面の圧縮残留応力が大きくなるような SP 加工が望まれる．加工条件にはショットサイズ，ショット硬さ，ショット速度，カバレージそしてアークハイトがある．ショットによる表面の圧痕を小さくするためには小径ショットの採用やショット速度を遅くするなど加工エネルギーを小さくすることが求められる．このような条件では加工が表面近傍に限定されるため表面近傍の圧縮残留応力も大きくなる．この条件をアークハイトの観点からみるとアークハイトは小さい方が疲労限度向上にとって適していることとなる．**図 7.2** は加工条件として，ばね硬さ 400HV,500HV,600HV，ショット径 $\phi$ 0.4, $\phi$ 0.8 および $\phi$ 1.0mm のコンディションドカットワイヤ，さらにカバレージ 100% と

1000%の1段SPを用い，アークハイトを0.3mmAから0.85mmAと広範囲に変化させた場合のアークハイトと小野式回転曲げ疲労限度の関係を示したもので，アークハイトの小さいほうが疲労限度は高くなっている[8]．この傾向については，日本ばね学会の共同研究[5]の2段ショットピーニングの実験においても同様の結果が報告されている．共同研究ではφ4の弁ばねクラスのばねに対し，硬さ550HV，700HVのCCW φ0.3，0.6mmおよび硬さ840HVの鋳鋼ショット（微粒子タイプ）（SS）φ0.1mmのショットを用いて，投射速度を40m/sと80m/sとした種々の2段SP条件で疲労限度を比較している．このSP加工条件は，ばねで通常適用される条件の上下限範囲とみなせるものである．このうち，最も疲労限度の高かった条件はアークハイトの最も小さい条件　1段目　CCW（700HV）φ0.3　40m/s，アークハイト0.10mmA　2段目　SS（840HV）φ0.1　60m/s　0.140mmNであることが明らかにされている．また，この条件は一般に採用されているアークハイト値に対しかなり小さなものとなっている．したがって疲労限度とアークハイトには一対一の定量的な関係はないことになる．したがって，アークハイトはSP加工条件の変動管理にもっぱら用いられるものとなる．一方，日本ばね工業会規格[9]において，被加工物の大きさと適正アークハイトの関係として，アークハイトは被加工物が大きいほど大きな値とすることを推奨している．被加工物の大きさと共にアークハイトを大きくする理由については，普通ピーニングの条件**表7.1**に後述する．

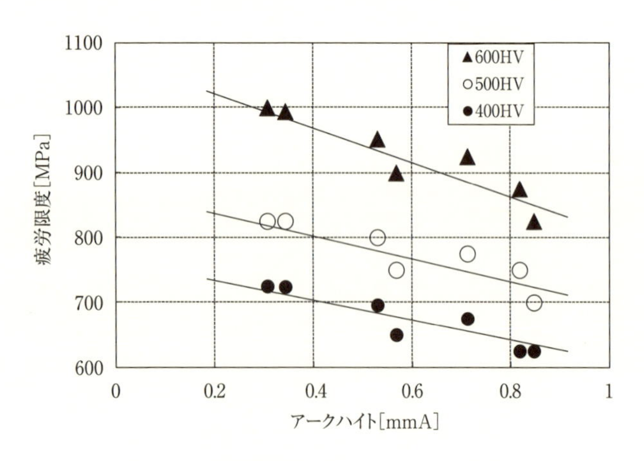


**図7.2　疲労限度とアークハイトの関係**

## 7.1.4　ばねの疲労限度とカバレージ

カバレージはショットピーニング加工時にショットによって加工された表面の面積の加工前の面積に対する割合である．ショットピーニング加工の疲労強度向上メカニズムである表面の加工硬化や圧縮残留応力の導入はこのカバレージに大いに依存すると考えられる．したがって，SP 加工条件としてカバレージは極めて重要となる．**図 7.3** は**図 7.2** で述べた疲労限度をカバレージとの関係で再整理したものである[7]．疲労限度はカバレージ 100% まではカバレージの増加とともに向上する．カバレージが 100% 以上では疲労限度はわずかに増加するものの 1000% であってもめざましい疲労限度の向上はないことがわかる．逆にカバレージ 1000% でも，カバレージが大きすぎることで，疲労限度が低下するオーバーピーニング現象は認められていないこともわかる．

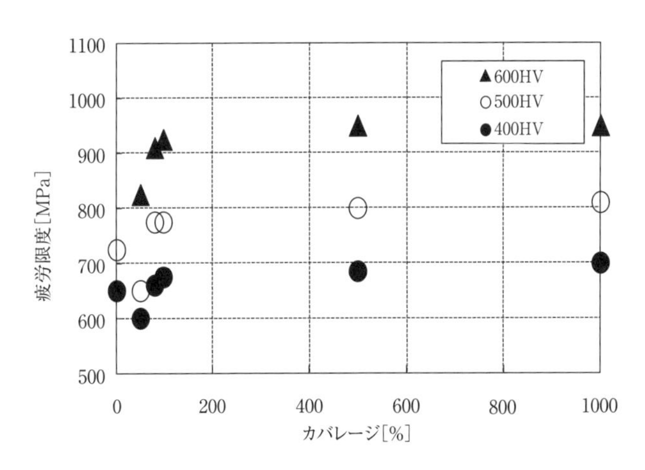


**図 7.3　疲労限度とカバレージ**

**表 7.1　普通ピーニングの加工条件例**

| ばねの種類 | ばねの寸法 mm | ショット | | アークハイト mmA | カバレージ % |
|---|---|---|---|---|---|
| | | 径　mm | 呼び硬さ HV | | |
| 重ね板ばね | 板厚　5～45 | 1.0～1.2 | 580 | 0.3　以上 | 85　以上 |
| 自動車コイルばね | 線径　8～20 | 0.9 | 580 | 0.45 以上 | 90　以上 |

**表 7.2　二段ピーニングの加工条件例**

| ばねの種類 | ばねの寸法 mm | | ショット | | アークハイト mmA | カバレージ % |
|---|---|---|---|---|---|---|
| | | | 径　mm | 呼び硬さ HV | | |
| 重ね板ばね | 板厚　6～50 | 一段目 | 1 | 580 以上 | 0.4　以上 | 85　以上 |
| | | 二段目 | 0.4～0.6 | 580 以上 | 0.2　以上 | 95　以上 |
| 自動車コイルばね | 線径　8～20 | 一段目 | 0.9 | 580 以上 | 0.4　以上 | 85　以上 |
| | | 二段目 | 0.7 | 580 以上 | 0.2　以上 | 85　以上 |
| 内燃機関用コイルばね | 線径　2～5 | 一段目 | 0.6~0.8 | 580 以上 | 0.5　以上 | 85　以上 |
| | | 二段目 | 0.2~0.5 | 580 以上 | 0.25 以上 | 85　以上 |

**表 7.3　ストレスピーニングの加工条件例**

| ばねの種類 | ばねの寸法 mm | 応力 MPa | ショット | | アークハイト mmA | カバレージ % |
|---|---|---|---|---|---|---|
| | | | 径　mm | 呼び硬さ HV | | |
| 重ね板ばね | 板厚 6～50 | 600 以上 | 1.0～1.2 | 580 以上 | 0.45 以上 | 85　以上 |

**表 7.4　温間ピーニングの加工条件例**

| ばねの種類 | ばねの寸法 mm | 温度 ℃ | ショット | | アークハイト mmA | カバレージ % |
|---|---|---|---|---|---|---|
| | | | 径　mm | 呼び硬さ HV | | |
| 自動車コイルばね | 板厚 8～30 | 150～300 | 0.9 | 580 以上 | 0.40 以上 | 85　以上 |

## 7.1.5　代表的なばねのショットピーニングの種類と加工条件 JIS B 2711(2013) 参考

代表的なばねのショットピーニング法として，**表 7.1　普通ピーニング**，**表 7.2 二段ピーニング**，**表 7.3　ストレスピーニング**，**表 7.4　温間ピーニング**の 4 種類を示す[10]．各ショットピーニング加工条件としてショットの種類，硬さ，アークハイトそしてカバレージが記載されている．今後，新たにピーニング方法や加工条件を開発する場合においても，これらの条件は指針となるものである．ここでは，これらの

SP 加工条件の特徴について概略する.

### (a) 普通ピーニング（一段ショットピーニング）

ばね用の普通ピーニングの条件は，ばねの場合，ショットサイズ 0.9 ～ 1.2mm，ショット硬さ 580HV，アークハイト 0.3 ～ 0.45mmA，カバレージ 85% 以上である．この加工条件はコイルばねの線径で 2.0~90mm とほとんどすべてのコイルばねに適用されている．ただし，ショットサイズはばねが大きいものほど大きなサイズが選択されるようである．しかし，7.1.3 で述べたように表面きずが小さいばねではショットサイズが小さいほうが疲労限度は高い．したがって，ショットサイズを大きくする選択は疲労限度向上には不利と考えられるが，ばねの線径が大きい場合，小さい場合と比較して，熱処理時間が長くなり脱炭が懸念されるようになる．また，線径が大きくなるとばねの自重の影響が顕著となりばねの搬送中にきずをつけやすくなる．すなわち，ばねが大きくなると表面欠陥サイズが大きくなる．したがって，脱炭やきずの管理に制約がある場合は，大きなショットを選択し，深い圧縮残留応力を導入する選択も有効な場合がある.

### (b) 二段ピーニング（ダブルショットピーニング）

ダブルショットピーニングは疲労限度向上のために最も多用されているピーニング方法である．最初に加工力の大きなショットピーニングを行い，次に加工力の小さなショットピーニングを行う方法である．最初のショットピーニングは，深い表面傷や内部にある非金属介在物を無害化するために，通常大きなショットを用いたショットピーニングを行い，深い圧縮残留応力層を得るための役割を担っている．次のショットピーニングは通常小さいショットを用いばねの表面層をもっぱら加工し表面近傍により大きな圧縮残留応力場を形成させる．また二段目の効果としてより細かいショットを用いることから，表面粗さの改善効果も期待できる．この考え方は二種類のショットを用いる二段ショットピーニング（ダブルショットピーニング）に限定されず，三段など多段の加工も考えられる．**表 7.2** として従来の実施例を示したが，ショットサイズや硬さの組み合わせなど多くの検討の余地がある.

### (c) ストレスピーニング

ストレスピーニングはばねが疲労破壊を生じる面に引張り応力を負荷した状態でショットピーニングを施す方法である．ピーニング後に負荷を取り去ると，負荷されていた力がショットピーニングで形成された残留応力と重ね合わさり，ショットピーニング単独で得られた圧縮残留応力より大きな圧縮残留応力を得ることができる．この結果，ストレスショットピーニングによって優れた疲労限度の向上が得られる．この方法は板ばねでは世界中で一般化されている方法である[11]．近年コイルばねにも適用されるようになってきている[12]．ただし圧縮コイルばねの場合，ばねを圧縮するとコイル線間が狭まりコイル線間やコイル内周面に外周面と同様なカバレージやアークハイトのショットピーニング加工をほどこすことが難しくなることがある．さらに，普通ピーニング処理時より不均一な変形がばねに生じやすいので注意を要する．

### (d) 温間ピーニング

ショットピーニングを温間温度域（150 ～ 300℃）で行う温間ピーニングがある．この技術は，温間加工での動的歪時効による材料強度の向上を期待し，疲労限度向上を目指した加工法と説明されている[13]．さらに温間ピーニングでは，温間加工のため降伏点が低下している状態のばねにピーニングを行うことから，室温の加工に比べ温間加工ではばね表面により大きな塑性変形を与え，大きな表面圧縮残留応力を導入することが可能である．このことからも温間ピーニングは疲労限度向上に大きく寄与するピーニング法である．しかし，この技術は長い間実用化されなかった．この理由は**図 7.4** に示すように，温間ピーニングの疲労限度向上効果は材料強度が高いほど顕著である[14] ことと関係していると考えられる．この技術が開発された当時の材料は非金属介在物等の材料欠陥が多く内在し，切欠き感度を下げるため材料強度を低く設定せざるを得ず，高強度材での温間ショットピーニングの効果を十分に享受できなかったと考えられる．その後，材料の清浄度向上による信頼性が増すにつれ，高強度材の採用が進みこの温間ショットピーニング法は多いに普及し，自動車のサスペンションばねではほぼ全世界で採用されるようになった．また，最近ばね硬さがショット硬さを上回る場合もでている．このため通常のショットピーニング条件では十分な残留応力分布が得られない．そこで更に硬さの高いショットが必要になるが，このようなショットは容易に破砕し経済的ではない．温間加工によるピーニングは従来硬さのショットを用いても大きく深い残留応力を形成することが可能なことから経済的にも優れたピーニング法といえる．

### (e) セッチング

ばねに求められる特性として疲労限度向上とともにへたり性の向上がある．これはばねが片振りで使用される場合にはばねがクリープ変形をおこすためである．そこで，セッチングと呼ぶ処理を行う．これは，ばねが使用される負荷応力状態より大きな応力状態に事前に過負荷を加える処理である．この過負荷によってばねは加工硬化し降伏点を高める．この結果へたり性が向上する．セッチングでの留意点として次のことがある．ピーニングを行なうばねでは，セッチング後にショットピーニングを行なうとセッチングの効果は減少してしまう．したがって作業順序は一般にショットピーニング後にセッチングを行なうこととなる．セッチングによってばねの表面は塑性加工を受けるため SP によって導入された転位組織は再配列されることになる．このため，SP 後の過大なセッチングは疲労限度を低下させる傾向を示すことから注意を要する．

### (f) SP 後の加熱

ショットピーニング後の塗装焼付処理などの加熱処理はショットピーニングによる圧縮残留応力を解放させ，疲労限度を低下させることから．鋼系では 200℃以下が望ましい．ただし，この低温加熱は歪時効によってばね強度を向上させることから耐へたり性を向上させる．指針として，ショットピーニング後の加熱は疲労にはマイナス，へたりにはプラスに作用する．

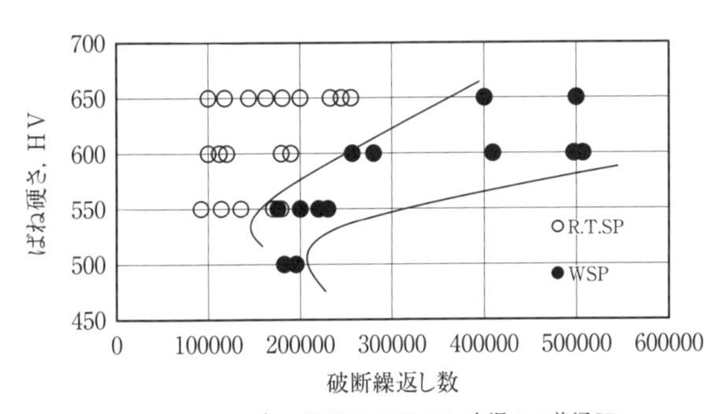


**図 7.4　温間SPと普通SPとの硬さと寿命向上効果の比較**

## 7.2　歯車への適用

自動車や産業機械や工作機械などには，数多くの浸炭焼入焼戻し歯車（以降，単に浸炭歯車と略記する.）が使用されており，疲労強度を向上させるため，ほとんどの浸炭歯車にはショットピーニング（以降，単にピーニングと呼ぶ.）が施されている．

ここでは，浸炭歯車のピーニング技術の変遷，ピーニング方法，ピーニングによる表面特性の改善，疲労破壊に対するピーニングの効果およびピーニング採用上の留意点について，概説する．

### 7.2.1　浸炭歯車のショットピーニング技術の変遷

自動車用浸炭歯車の疲労強度向上をはかるため，1970 年代後半から，遠心式ピーニング装置を用いて，$\phi$ 0.6 ～ 0.8mm の 500HV 程度のショットによる普通ピーニング（以降，OSP と呼ぶ.）が採用され始めた．

その後，1990年代前半から，より大きな圧縮残留応力の導入によるさらなる疲労強度向上をはかるため，OSPよりピーニング強度が高いヘビーピーニング（ハードピーニングやハイピーニングともいう．以降，HSPと呼ぶ.）が用いられるようになった．

さらに，残留応力分布形状の改善による疲労強度の大幅向上を目的として，1990年代後半から，OSPまたはHSPとファインピーニング（微粒子ピーニングともいう．以降，ファインピーニングをFSPと略記）とを組合せた二段ショットピーニング（以降，DSPと呼ぶ.）に進化した．

### 7.2.2　歯車のピーニング方法

歯車全周の噛合い歯面と歯元に均一にピーニングするため，歯車を回転させてピーニングを行うのが基本である．歯車のピーニング装置には，遠心式と空気式の両方が用いられている．

一般に，製品図に記載されているピーニング条件は，ショット硬さ，ショット径，アークハイトおよびカバレージである．表面近傍の硬さが700HV以上の高硬さの浸炭歯車では，ピーニングによる圧痕が不鮮明であるので，製品自体でのカバレージの判定は難しい．このため，カバレージは，いわゆるアークハイトカバレージが用いられており，200%以上などと表記されている．

**表7.5**に歯車のピーニング条件例を示す．一段めにOSPまたはHSPを，二段めにFSPを施すピーニングがDSPである．

製品図には，ピーニング装置は特に記載されていないが，要求されるアークハイトや残留応力分布や生産性などによって，遠心式と空気式ピーニング装置を使い分ける．

一般に，アルメンストリップは，A片換算アークハイトで，0.15mm未満はN片（厚さ0.8mm，硬さ74.7HRA），0.15mm以上0.60mm以下はA片（厚さ1.3mm，硬さ48HRC）および0.6mm超はC片（厚さ2.4mm，硬さ48HRC）を使用する．C片の代わりに安価なH片（厚さ1.3mm，硬さ60HRC）を用いることがある．

歯元R寸法より大きなショット半径のショットでは，歯元R部がピーニングされないので，歯元R寸法より小さなショット半径のショットを用いることが重要である．

また，**図7.5**に示すように，製品図に表面の圧縮残留応力($\sigma_{rs}$)，最大圧縮残留応力($\sigma_{rmax}$)，最大圧縮残留応力導入深さ($d_{\sigma\ rmax}$)および深さ$d_x$の圧縮残留応力($\sigma_{rx}$)などの残留応力（$\sigma_r$）分布が記載されている場合もある．

**表 7.5　歯車のピーニングの条件例**

| 項目 | OSP | HSP | FSP |
|---|---|---|---|
| 使用装置 | 遠心力式 | 空気圧式 | |
| ショット径 | φ 0.8mm | φ 0.6mm | φ 0.8mm |
| ショット硬さ | 560HV | 700HV | |
| アークハイト | 0.40～0.60mmA | 0.20mmC | 0.25～0.40mmN |
| カバレージ | ≧300% | | |

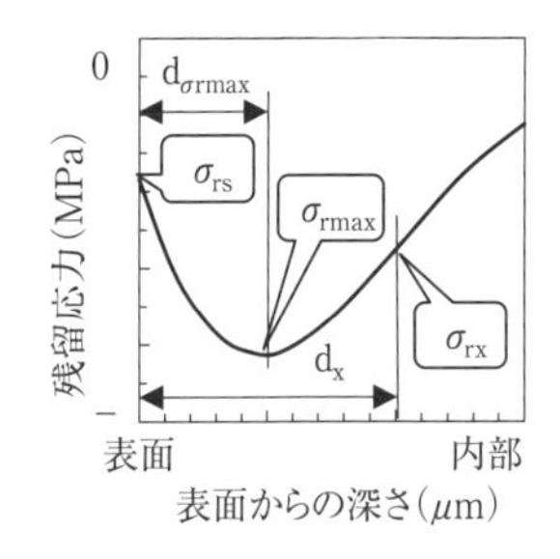


**図 7.5　$\sigma_r$分布の模式図**

## 7.2.3　ピーニングによる表面特性の改善

ガス浸炭焼入焼戻しを施すと，表面に軟らかい不完全焼入層(表面異常層ともいう)や粒界酸化層が発生する．これらの層があると，疲労強度が低下する[15)]．

**図 7.6** は鋼種 SCM822H を浸炭焼入焼戻し後にピーニングを行った試験片の表面近傍の顕微鏡組織であり[16)]，図中の黒色部が不完全焼入層である．a）の OSP には深い不完全焼入層が窺えるが，b）の OSP+FSP の DSP では不完全焼入層が減少していることがわかる．これは，FSP を施すことによって不完全焼入層が減少することを示す．FSP を行った c）の HSP+FSP も不完全焼入層が減少している．また，b）と c）表面には塑性流動が窺える．

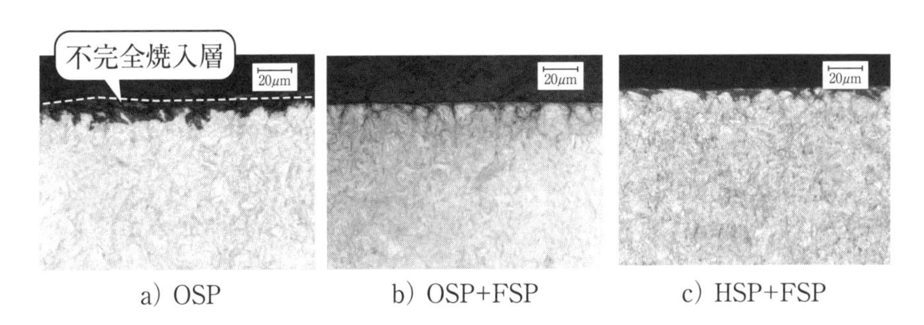


**図 7.6　ピーニング後の表面近傍の顕微鏡組織[16)]**

疲労破壊のき裂発生過程の Stage Ⅰの抵抗因子は硬さであり，き裂伝ぱ過程の Stage Ⅱのそれは圧縮残留応力と考えられている[17), 18)]．浸炭歯車には，疲労強度上有害な軟らかい残留オーステナイト（$\gamma_R$）が発生するが，ピーニングを施すことにより，$\gamma_R$の一部がマルテンサイトに加工誘起変態する．この効果と通常の加工硬化の重畳効果により，硬さが大幅に向上する[19)]．

**表 7.5** に示した条件でピーニングを行った鋼種 SCM822H 試験片の深さ方向の $\gamma_R$ 量分布を**図 7.7**[20] に示す．ここで，OSP+FSP と HSP+FSP は DSP である．また，Non-SP は浸炭焼入焼戻しのままでピーニング未施工試験片である．

Non-SP 試験片の表面 $\gamma_R$ 量は 16.5% であるが，OSP 試験片，OSP+FSP の DSP 試験片および HSP+FSP の DSP 試験片のそれらは，それぞれ 10.5%，3.2% および 1.0% に低減している．

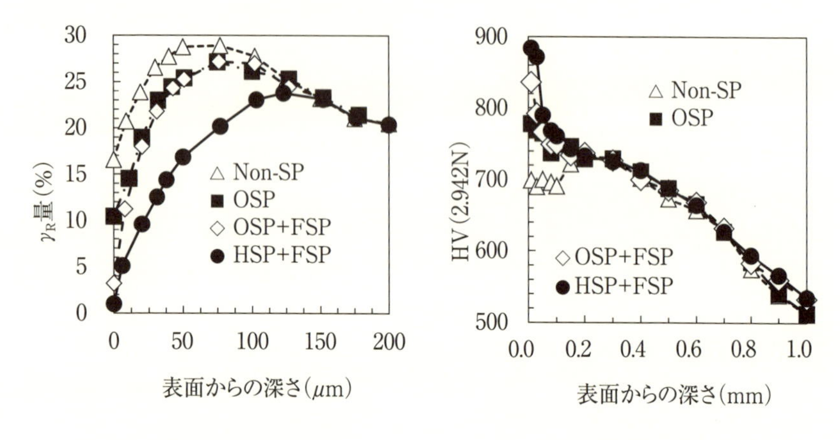


**図 7.7　各試験片の $\gamma_R$ 量分布**[20]　　**図 7.8　各試験片の硬さ分布**[20]

**図 7.8** は**図 7.7** と同じ SCM822H 試験片の深さ方向の硬さ分布[20] である．ピーニングを施さない Non-SP 試験片の表面直下（表面からの深さ 0.03mm）の硬さは 699HV であるが，OSP を行った OSP 試験片のそれは 778HV，OSP と FSP を組合せた DSP の OSP+FSP 試験片のそれは 836HV および HSP と FSP を組合せた DSP の HSP+FSP 試験片のそれは 884HV と高い値を示した．Non-SP 試験片に対して，OSP 試験片，OSP+FSP 試験片および HSP+FSP 試験片は，それぞれ，79HV，137HV および 185HV 高くなっている．

**図 7.9** に表面 $\gamma_R$ 量と表面直下の硬さとの関係[20] を示す．表面 $\gamma_R$ 量が低下するにしたがって，表面直下の硬さが増大することがわかる．すなわち，軟らかい $\gamma_R$ の一部が加工誘起変態により，硬いマルテンサイトになったことを示す．

**図 7.10** に**図 7.7** と同じ SCM822H 試験片の深さ方向の残留応力分布[20] を示す．ここで，図中の凡例のマークは**図 7.8** と同じである．Non-SP 試験片は表面に最大圧縮残留応力（$\sigma_{rmax}$）が発生しており，その値は高々 192MPa である．OSP を施した OSP 試験片の表面の圧縮残留応力（$\sigma_{rs}$）は 695MPa，$\sigma_{rmax}$ は深さ 42 μm に発生しており，その値は 808MPa であった．OSP と FSP を組合せた DSP の OSP+FSP 試

験片とHSPとFSPを組合せたDSPのHSP+FSP試験片には，表面に$\sigma_{rmax}$が発生しており，その値は，それぞれ1471MPaと1589MPaと高い値を示す．

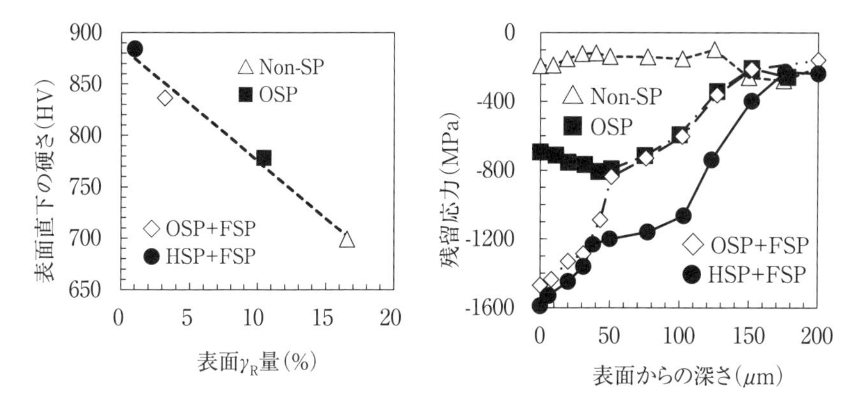


**図7.9　$\gamma_R$量と硬さとの関係**[20]　　**図7.10　各試験片の残留応力分布**[20]

## 7.2.4　歯車の疲労破壊モードに対するピーニングの効果

**図7.11**に示すように，歯車の疲労破壊モードには，①応力集中部の歯元R部から破損する曲げ疲労破壊と②噛合い歯面で発生する面疲労破壊とがある．①の歯元R部からの曲げ疲労破壊には，降伏応力未満の作用応力下で発生する高サイクル疲労破壊（いわゆる$10^4$回以上で発生する疲労破壊）と降伏応力以上の応力下破損する低サイクル疲労破壊（$10^4$回未満で発生する疲労破壊）とがある．また，②の面疲労破壊にも，歯の表面起点のピッチングと内部起点のスポーリングとがある．以上の4つの疲労破壊モードに対して，ピーニングは必ずしも有効ではない．

### 7.2.4.1　高サイクルでの曲げ疲労強度：曲げ疲労限度の大幅向上

**図7.12**に回転曲げ疲労試験における曲げ疲労限度[20]を示す．曲げ疲労試験片は，鋼種=SCM822H，平行部径=$\phi$ 9.6mm，切欠き部径=$\phi$ 8.0mm，切欠きR=1.6mmおよび応力集中係数（$\alpha$）−1.56の切欠き試験片である．また，負荷応力は切欠き底の公称応力に$\alpha$を乗じた値，曲げ疲労限度（$\sigma_w$）は$10^7$回の繰返し応力に耐えた応力振幅の最大値とした．Non-SPの$\sigma_w$は±827MPaである．これに対して，OSPの$\sigma_w$は±1225MPa，OSP+FSPのDSPのそれは±1615MPaおよびHSP+FSPのDSPのそれは±1716MPaと高い曲げ疲労限度を示している．Non-SPに対するOSP，OSP+FSPおよびHSP+FSPの$\sigma_w$は，それぞれ1.48倍，1.95倍および2.07倍と大幅に向上することがわかる．

また，OSP+FSPの$\sigma_w$はOSPのそれに対して1.32倍に，HSP+FSPの$\sigma_w$は

OSPのそれに対して1.40倍に向上している．このように，表面直下の硬さと圧縮残留応力を大きくすることが可能なDSPは曲げ疲労限度向上の有効な手法と言える．

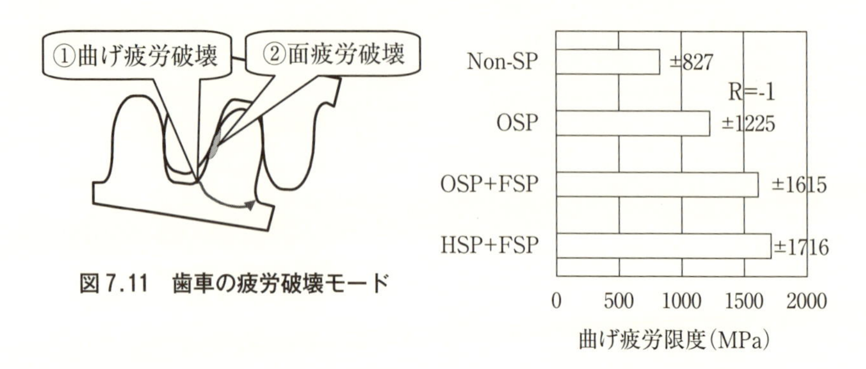


**図7.11　歯車の疲労破壊モード**

**図7.12　曲げ疲労限度**[20]

### 7.2.4.2　表面特性と曲げ疲労限度の関係

疲労破壊過程のStage Ⅰの抵抗因子は降伏応力（$\sigma_y$），つまり硬さ（HV）であり，Stage Ⅱのそれは圧縮残留応力（$\sigma_r$）である．そこで，$\sigma_y$と$\sigma_r$の和と曲げ疲労限度（$\sigma_w$）との関係を求めてみた．ここで，高強度鋼のStage Ⅰのき裂は1結晶粒程度，Stage ⅠからStage Ⅱへのせん移段階は2～3結晶粒程度，浸炭材の結晶粒度は約20$\mu$mであるので，$\sigma_y$は表面直下（深さ0.03mm）の硬さに3.105を乗じた値，$\sigma_r$は深さ50$\mu$mまでの最大値としている．

**図7.13**に，適用範囲＝$\sigma_y+\sigma_{rmax}$＝1844～4506MPaにおける$\sigma_y+\sigma_{rmax}$と$\sigma_w$との関係[16]を示す．鋼種は，SCM822HのほかにSCr420H，SCM420H，SCM622Hなど10鋼種である．図中の破線は［$\sigma_y+\sigma_{rmax}$］の値と$\sigma_w$との関係を最小二乗法で求めたものである．得られた式を式　(7.6)[16]に示す．

$$\sigma_w = 0.361 \times (\sigma_y + \sigma_{rmax}) \qquad (7.6)$$

式（7.6）から明らかなように，$\sigma_y+\sigma_{rmax}$と疲労限度（$\sigma_w$）とは比例関係にあることがわかる．

また，HSP+FSPのDSPを施すことにより，ガス浸炭などで表面に発生する粒界酸化層の無害化が可能となる[21]．

以上から，高サイクルでの曲げ疲労破壊に対しては，表面直下の硬さを高くし，大きな圧縮残留応力を導入できるピーニングは極めて有効である．

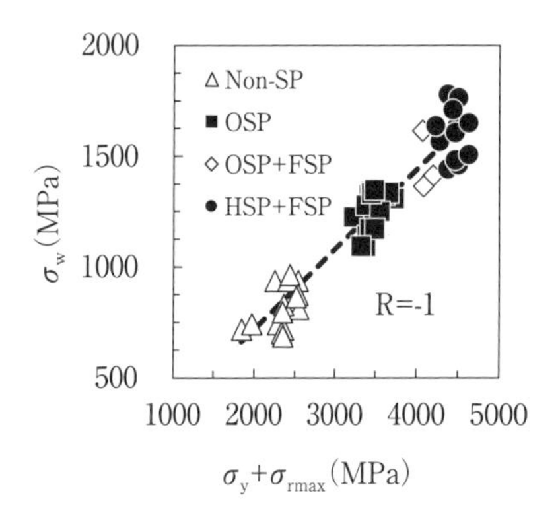


**図 7.13　$\sigma_y + \sigma_{max}$ と $\sigma_w$ との関係** [16)]

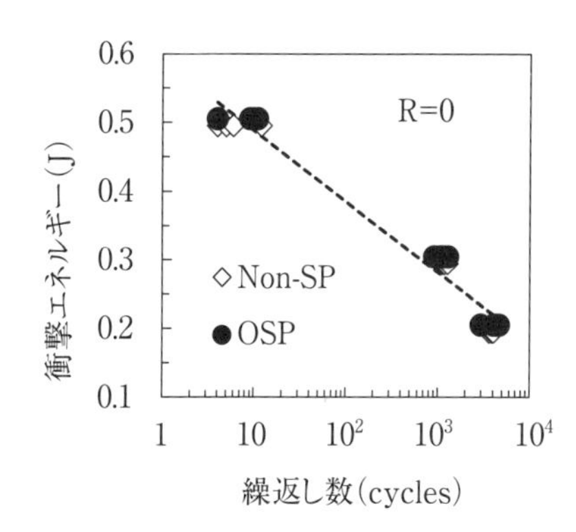


**図 7.14　低サイクル疲労の S-N 線図** [22)]

### 7.2.4.3　低サイクルでの曲げ疲労強度

車両の発進時や外部への動力接続時に大きなショックトルクが入力される歯車がある．このような歯車には低サイクル衝撃疲労特性の向上が求められる．前節に示したように，高サイクル疲労に対して，ピーニングは極めて有効であるが，低サイクル疲労に対しても効果があるのかを評価した．**図 7.14** に応力比（R）=0 における低サイクル衝撃疲労の S-N 線図 [22)] を示す．各々 5 個ずつの Non-SP 試験片と OSP 試験片を衝撃エネルギー 0.2J，0.3J および 0.5J の 3 水準で疲労試験を行った結果，破断回数（疲労寿命）は，ほとんど同じである．

このように，Non-SP と OSP の疲労寿命がほとんど同じになったのは，次のように推察される．

1)　低サイクル疲労寿命の支配因子は塑性ひずみ範囲（$\Delta\varepsilon_p$）であると考えられており [23), 24)]，Non-SP と OSP の $\Delta\varepsilon_p$ はほとんど同じと考えられる．
2)　き裂先端に $\sigma_y$ を越える引張応力が作用した場合には，き裂先端には大きな圧縮残留応力が生じる [25)] が，Non-SP と OSP のき裂先端の作用応力は同じなので，き裂進展 1 回ごとに導入される残留応力分布は変わらない．

上記 1）と 2）から，ピーニングで導入された圧縮残留応力は，低サイクル疲労に対しては，ほとんど効果がないと言える．

### 7.2.4.4　ピーニングによる耐ピッチング性の向上

歯車の噛合い歯面にはすべりが発生するので，歯面同士の摩擦熱による表面近傍の軟化を伴う場合がある．このため，硬さや残留応力のほかに，表面粗さや摩擦係数も重要な因子である．

**表7.6**に，φ26mmの試験ローラー（鋼種SCM822Hの小ローラー）とφ130mmの大ローラーを組合せたローラーピッチング（RP）試験における試験前の試験面の表面粗さ（Ra）と計算面圧3460MPaにおける各試験片の発生トルクから計算した摩擦係数（μ）[26]を示す．RP試験条件は，試験ローラーの回転数=1500rpm，すべり率=－40%，使用潤滑油=5W-30および潤滑油温=353Kである．Non-SP試験片の表面粗さ（Ra）は0.28μmと小さいが，OSP，OSP+FSPおよびHSP+FSP試験片のRaが大きくなっている．これに対して，Non-SP試験片のμが最も大きく，HSP+FSP試験片のそれが最も小さくなっており，Raの結果と一致しない．

**表7.6　表面粗さと摩擦係数[26]**

| 試験片 | Ra（μm） | μ |
|---|---|---|
| Non-SP | 0.28 | 0.0345 |
| OSP | 0.33 | 0.0307 |
| OSP＋FSP | 0.33 | 0.0302 |
| HSP＋FSP | 0.44 | 0.0293 |

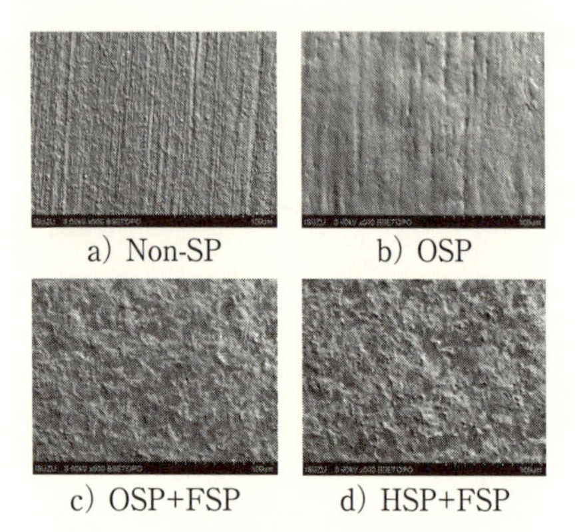


**図7.15　各試験片表面のBSEM像[26]**

そこで，試験片の表面をSEMで観察した．

**図7.15**に鋼種SCM822H試験片のBSEM（Back Scattered Scanning Electron Microscope）像[26]を示す．Non-SP試験片には浸炭前の研磨加工痕が窺えるが，OSP試験片は研磨加工痕が消失しかかっている．OSP+FSPとHSP+FSP試験片は，研磨加工痕が消失し，FSPで掲載されたマイクロディンプルが形成されている．このマイクロディンプルの形成によって油膜保持性が向上し，μが小さくなったと推察される．

**図7.16**に鋼種SCM822Hの計算面圧3460MPaにおける各試験片のワイブル分布[26]を示す．Non-SP試験片の50%破損確率は約175万回である．これに対して，OSP試験片が約420万回，OSP+FSP試験片が約1000万回以上およびHSP+FSP試験片が約1018万回以上（試験打切り回数以上で，ピッチング発生なし）である．ピーニングなし

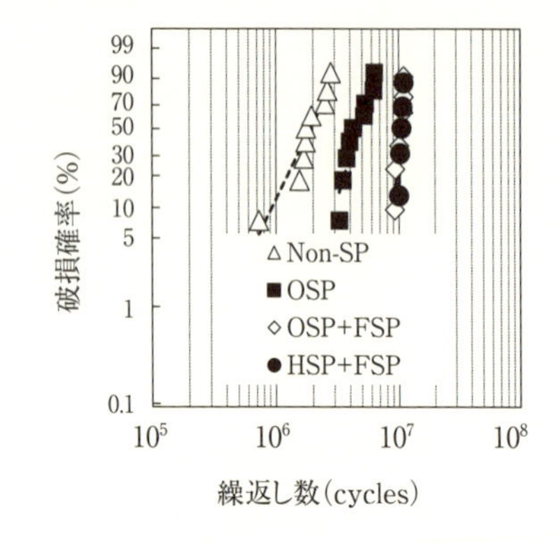


**図7.16　RP試験のワイブル分布[26]**

のNon-SP試験片のピッチング寿命に対するOSP試験片，OSP+FSP試験片およびHSP+FSP試験片のそれらは，それぞれ2.4倍，5.7倍および5.9倍以上に向上しており，ピッチング寿命に対するピーニングの効果はあると言える．

**図7.17**に鋼種SCM822HのRP試験後の各試験片の硬さ分布[26]を示す．表面直下の硬さは，Non-SP試験片=618HV，OSP試験片=671HV，OSP+FSP試験片=734HVおよびHSP+FSP試験片=832HVである．いずれも，**図7.17**の試験前の硬さに対して，52～107HV低下しているが，試験前の硬さが高いピーニングを施した試験片のほうが試験後も高い値を示す．**図7.18**にRP試験後の各試験片の残留応力分布[26]を示す．試験後の残留応力分布は**図7.10**に示した試験前のそれと異なっている．表面の圧縮残留応力（$\sigma_{rs}$）は，Non-SP試験片=117MPa，OSP試験片=306MPa，OSP+FSP試験片=231MPaおよびHSP+FSP試験片=464MPaで，大きな差はない．また，150μm深さ以降の残留応力は，ほとんど同じ値であり，深さが深くなるに従って，圧縮残留応力が大きくなる傾向を示す．RP試験は外径φ130mmのローラーで塑性加工を施すような試験方法である．また，−40%のすべりを与えた試験方法なので，摩擦熱による組織の変化が発生する．したがって，初期に大きな圧縮残留応力を導入されていても，RP試験中の塑性加工と摩擦熱による組織の変化のため，RP試験中にほとんど同じ残留応力分布になってしまうと推察される．しかし，ピッチングも疲労破壊なので，圧縮残留応力はピッチングに対して，効果がないということではなく，ピーニングで大きな圧縮残留応力を導入しても，試験や使用過程でStage Ⅱの抵抗因子の圧縮残留応力が減衰してしまうことである．

OSP+FSP試験片とHSP+FSP試験片で耐ピッチング性が格段に向上する主な要因は，硬さの増加とFSPでのマイクロディンプルの形成による油膜保持性の向上，これによる摩擦係数の減少と推察される．

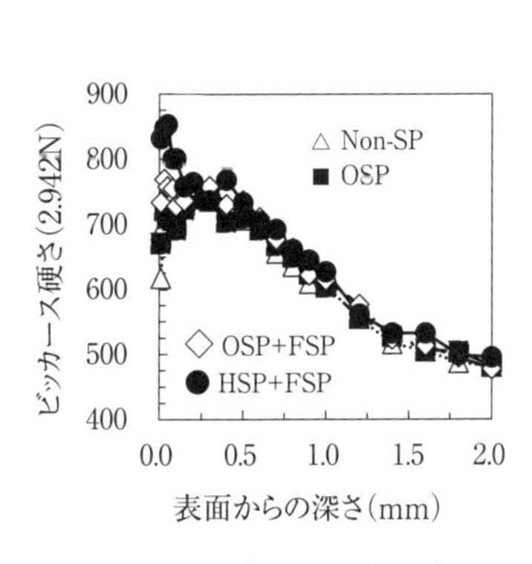


**図7.17 試験後の硬さ分布[26]**

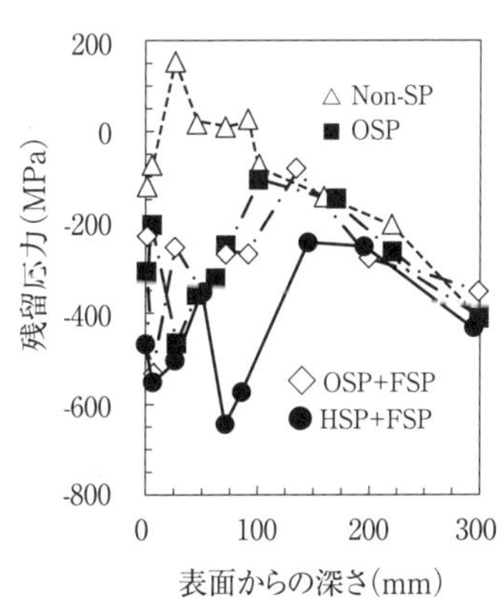


**図7.18 試験後の残留応力分布[26]**

### 7.2.4.5　耐スポーリング性

内部起点のスポーリングは，ヘルツの弾性接触論を適用して得られるせん断応力（P）が試験片のせん断応力（τ）を超えると発生する．

**図7.19**にスポーリングが発生する場合のヘルツ応力と試験片のせん断応力の関係の模式図[27]を示す．試験面圧3468MPaにおけるRP試験片として，算出した．約0.4mmの深さにヘルツ応力(P)が最大となり，○印で示したところがPよりτの値が小さい場合，ここからStage Iのき裂が発生する．

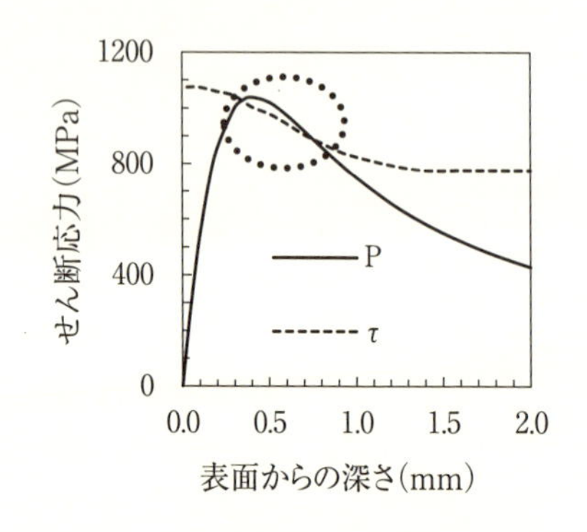


**図7.19　ヘルツ応力とせん断応力**[27]

浸炭材にピーニングを施したとき，**図7.8**の各試験片の硬さ分布と**図7.10**の各試験片の残留応力分布から明らかなように，ピーニングで改質される深さは0.2mm深さ程度なので，ピーニングによる耐スポーリング性の向上は期待できない．

### 7.2.4.6　DSPによる粒界酸化層の無害化

歯車にガス浸炭を行うと，表面には一種の閉口き裂である粒界酸化層が生成される．このため，ガス浸炭（GC）は，粒界酸化層が発生しにくい減圧浸炭（LPC）より，疲労限度が10～20%程度低いとされているが，DSPを施すことにより，粒界酸化層を無害化できる．

**図7.20**に，粒界酸化層深さ14μmのGCと粒界酸化層がないLPCの$\sigma_w$および粒界酸化層深さ9μmのガス浸炭窒化(GCN)と粒界酸化層がない減圧浸炭窒化(LPCN)の$\sigma_w$を比較した結果を示す[21]．GCの$\sigma_w$は±1638MPa，LPCのそれは±1601MPaであり，ほとんど同じであった．また，GCNとLPCNの$\sigma_w$は，いずれも±1560MPaであった．

**図7.20**の妥当性を検証するため，粒界酸化層を半円状の表面き裂と仮定し，粒界酸化層に作用する見掛けの応力拡大係数範囲（$\Delta K_T$）と供試材の下限界応力拡大係数範囲（$\Delta K_{th}$）を比較した結果を**図7.21**に示す[21]．

粒界酸化層の無害化の条件は式（7.7）である．

$$\Delta K_T \leqq \Delta K_{th} \qquad (7.7)$$

また，$\Delta K_T$の算出には，式（7.8）を用いた．

$$\Delta K_T = \Delta K_{AP} + K_R \qquad (7.8)$$

ここで，$\Delta K_{AP}$は作用応力による応力拡大係数範囲，$K_R$は残留応力による応力拡大係数である．

$\Delta K_{AP}$ の計算には Newman-Raju の式[28]，$K_R$ の算出には API579 の四次式近似式[29] および $\Delta K_{th}$ は丹下らの式[30] を用いた．

紙数の関係で省略するが，最大作用応力は 4 試験片で最も $\sigma_w$ が高かった GC 試験片の ± 1638MPa で計算した結果，粒界酸化層深さが 25 $\mu$m までは $\Delta K_{th}$ の値より $\Delta K_T$ の値が小さいので，粒界酸化層深さが 25 $\mu$m までは無害化されると言える[21]．

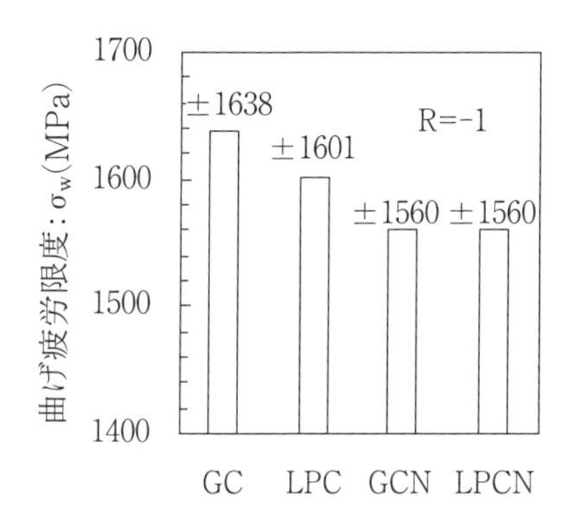


**図 7.20　各試験片の曲げ疲労限度[21]**

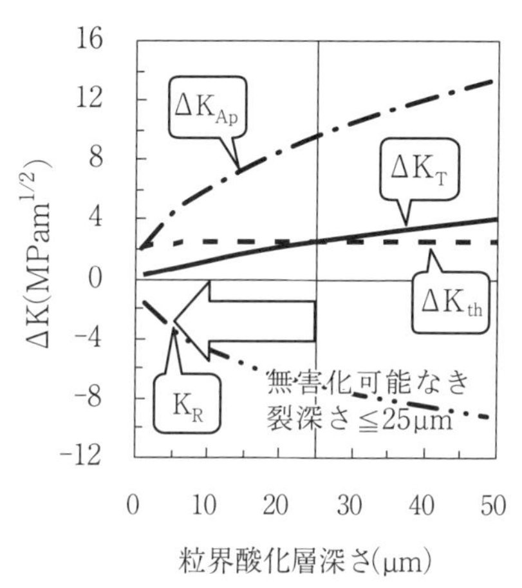


**図 7.21　$\Delta K_T$ と $\Delta K_{th}$ の比較[21]**

## 7.2.5　ピーニングの採用上における留意点

### 7.2.5.1　DSP でのショット混入の影響

DSP では，一段めに大きなショットで，二段めに小さなショットでピーニングを行うのが基本である．この順序でピーニングを行うことにより，**図 7.22**[31] の●印のような表面近傍に大きな圧縮残留応力が導入される残留応力分布になる．△印の残留応力分布は $\phi$ 0.08mm の小さなショットに $\phi$ 0.6mm の大きなショットが混入した場合を想定し，$\phi$ 0.6mm → $\phi$ 0.08mm → $\phi$ 0.6mm の順序でピーニングしたときの残留応力分布を示す．この残留応力分布は，$\phi$ 0.6mm だけのそれとほとんど同じであることがわかる．したがって，小さなショットを用いるピーニング装置へ大きなショットが混入しないように，製品のエアブローやショットの分離などに配慮する必要がある．

### 7.2.5.2　ピーニングによる歯先のふくれ

ピーニングを行うと，$\gamma_R$ の一部はマルテンサイトに変態し，体積が膨張する．歯車の歯先のようなエッジ部は過剰浸炭になりやすい．このため，① 歯先に多量の $\gamma_R$ の発生や②結晶粒界に沿ったもろい網状セメンタイト（$Fe_3C$）が析出することがある．ピーニングにより，多量の $\gamma_R$ がマルテンサイトに変態すると，体積が膨張し，**図7.23** の a）に示すような歯先のふくれが発生することがある．歯先のふくれは噛合い騒音の原因となるので，注意を要する．また，もろい網状 $Fe_3C$ は，b）に示すように，欠けの原因となることがある．

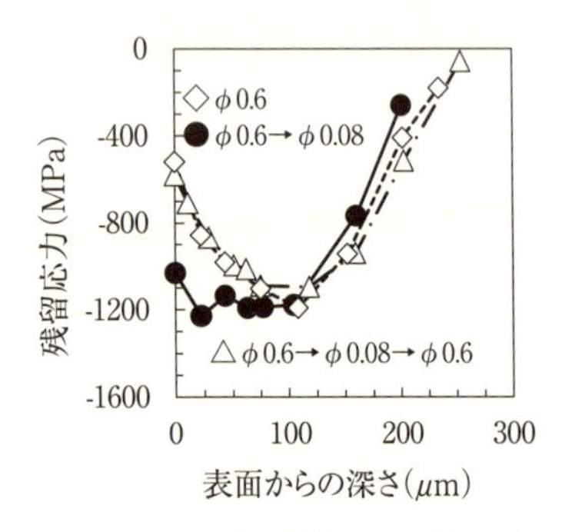


**図7.22　残留応力分布**[31)]

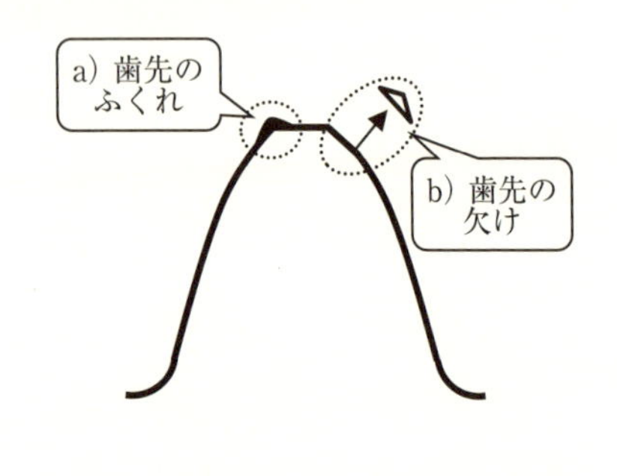


**図7.23　歯先のふくれと欠けの模式図**

### 7.2.5.3　使用過程における残留応力の減衰

作用応力（$\sigma_{Ap}$）と残留応力（$\sigma_r$）の和が降伏応力（$\sigma_y$）を超えると，残留応力は減衰する．ピーニングで導入される残留応力は圧縮残留応力なので，応力比（R）が負の場合には，圧縮の作用応力で圧縮残留応力が減衰しやすい．

一例として，応力比（R）＝－1で曲げ疲労試験を行った鋼種SCM822HのHSP+FSP試験片の試験前後の残留応力を**図7.24**[20)] に示す．試験前の $\sigma_{rmax}$ は1589MPa，$10^7$ 回で未折損だった試験片の試験後のそれは1387MPaであるので，202MPa減衰している．

Rが正の場合には圧縮残留応力はほとんど減衰しない[19)] が，Rが負の場合には減衰することがあるので，留意する必要がある．

### 7.2.5.4　加熱における残留応力の減衰

ピーニング後に軸に焼ばめを行う歯車がある．また，使用過程で温度が上がる場合がある．焼ばめのために歯車を加熱したり，使用過程で製品の温度が上昇すると，組織が変化し，圧縮残留応力が減衰する．歯車の浸炭は表面炭素量約0.8%を狙って行われる．このため，焼入れ後の組織は0.8%Cの高炭素マルテンサイト＋高炭素$\gamma_R$となる．その後，一般に433～453Kの低温焼戻しが施され，組織は0.2～0.25%の低炭素マルテンサイト＋中間炭化物＋高炭素$\gamma_R$の組織に変化する．$\gamma_R$の一部はピーニングによってマルテンサイトに変態するが，このマルテンサイトは高炭素マルテンサイトなので，373～473Kに加熱されると，低炭素マルテンサイト＋中間炭化物に変化し，体積が収縮する．これにより，圧縮残留応力が減衰する．また，$\gamma_R$は503～547Kでベイナイトに変態し，体積が変化するので，これによっても，圧縮残留応力は減衰する．

**図7.23**は，浸炭より焼戻軟化抵抗が高い浸炭窒化焼入焼戻しを施したSCM822H試験片にHSP+FSP試験片と同じ条件のDSPを施した後に各温度で焼戻しを行った試験片の焼戻温度と$\sigma_{rmax}$の関係[32]を示す．373K以上の温度から，$\sigma_{rmax}$が小さくなることがわかる．473Kを超えると，$\sigma_{rmax}$が大幅に減衰するので，この点を考慮して，焼ばめ加熱温度や使用温度を配慮すべきである．

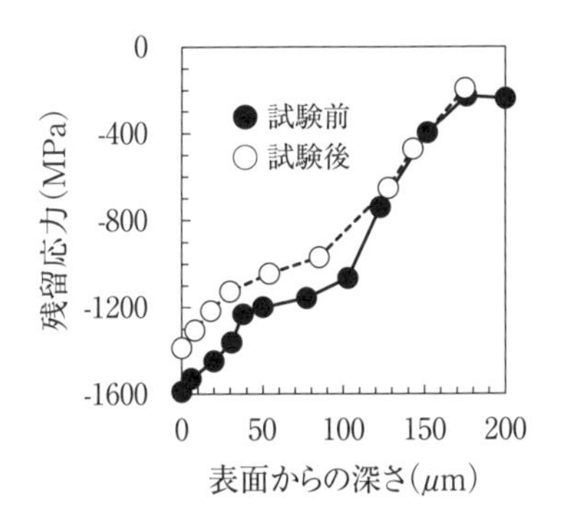


**図7.24　試験前後の残留応力分布**[20]

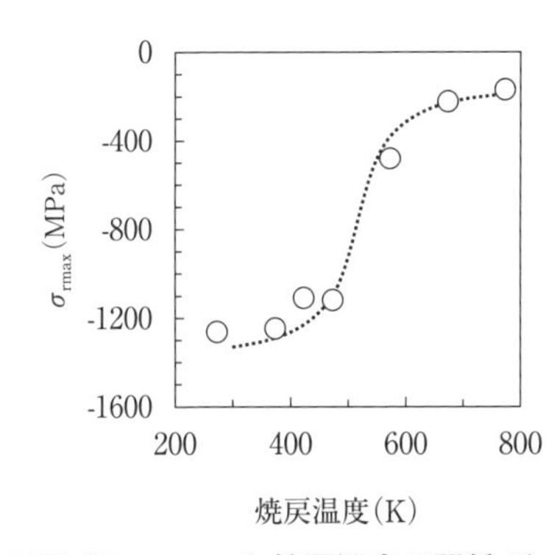


**図7.25　$\sigma_{rmax}$と焼戻温度の関係**[32]

## 参考文献

1）北川英夫，高橋進，機論，45(399)(1979)，pp.1289.

2）El Haddad M. H., Topper T. H. and Smith K. N., Engng. Fracture Mech. 11, (1979), pp.573-584

3）丹下彰，阿久津忠良，高村典利，ばね論文集，No. 36,（1991），47.

4）Takahashi T., Tange A., Ono Y. and Ando K., Transactions of JSSR, 51, (2006), 9.

5）ショットピーニングの最適化に関する研究委員会報告，ばね論文集，No. 47 (2002)，43.

6) Edited by Murakami Y., STRESS INTENSITY FACTORS HANDBOOK, Soc. Mat. Sci. Japan, Pergamon Press, p.725, p.668.
7) Tange A., Takahashi F., Proceedingss of the 10th International Conference on Shot Peening, (1999), pp.269-273.
8) 住吉功，丹下彰，岡田秀樹　ばね論文集　55号（2010），pp.1-38.
9) ショットピーニング作業標準，JSMA，No.1.（1982），p.18.
10) JI B2711（2005）附属書4（参考）ばねのショットピーニング方法
11) 自動車用大型重ね板ばね軽量化委員会，ばね論文集，No.23，（1978）p.39.
12) Muller E., Stress Peening of Compressive Coil Springs, Wire 44(1994)6, pp.368-372.
13) 五弓勇雄　特許公告　昭48-20969
14) 丹下彰，小山博，辻博人，ばね論文集，No. 44（1999），10.
15) 小林直樹，松井勝幸，石島正規，窒素ガスベース雰囲気熱処理法，自動車技術，Vol. 41，№5（1987），pp.608-614.
16) 松井勝幸，浸炭鋼の曲げ疲労限度に対するショットピーニングの効果，ショットピーニング技術，25(1)(2013)，pp.2-10.
17) 安藤 柱，自動車部品の複合表面改質による疲労強度の向上，金属，75-10（2005），pp.6-9.
18) 松井勝幸，安藤 柱，二段ショットピーニングによる歯車の曲げ疲労強度向上，JSAE SYMPOSIUM，№15-6（2006），pp.1-5.
19) 松井勝幸，衛藤洋仁，雪竹克也，三阪佳孝，安藤 柱，複合表面改質による歯車の疲労強度向上に関する研究，機論A編，66(650)(2000)，pp.1878-1885
20) 松井勝幸，越宗昌之，高橋宏治，安藤 柱，ショットピーニング法が高強度鋼の回転曲げ疲労限度に及ぼす影響，ばね論文集，№55（2010），pp.7-12.
21) 松井勝幸，二段ショットピーニングによる粒界酸化層の無害化，ショットピーニング技術，26(1)(2014)，pp.2-10.
22) 松井勝幸，福岡和明，高橋宏治，浸炭鋼の低サイクル衝撃疲労強度に及ぼすショットピーニングの影響，ショットピーニング技術，24(3)(2012)，pp.1-7.
23) Coffin L. F. Jr., A study of the effects of cyclic thermal stresses on a ductile metal, Trans. ASME, 76（1954），931.
24) Manson S. S., Behavior of Materials Under Conditions of Thermal Stress, NASA Tech., Notes 2933（1953）
25) 北條恵司，安藤 柱，過大荷重がA7075の下限界応力拡大係数範囲に及ぼす影響，日本ばね学会2009年度春季ばね及び復元力応用講演会論文集，pp.9-10.
26) 松井勝幸，高橋宏治，安藤 柱，浸炭鋼の面疲労強度に及ぼす硬さと残留応力の影

響，ショットピーニング技術，22(2) (2010)，pp.12-21
27) 松井勝幸，神泰行，浸炭歯車の疲労破壊に対するショットピーニングの効果，ショットピーニング技術，27(2) (2015)，pp.10-19.
28) Newman J. C. Jr. and Raju I. S.，An Empirical Stress-Intensity Factor Equation for the Surface Crack，Eng. Fract. Mech.,Vol. 15 (1981)，185-195.
29) API579，Recommended Practice for Fitness-for-Service and Continued Operation of Equipment，C2. 2 (2000)
30) 丹下 彰，阿久津忠良，高村典利，ばね鋼におけるショットピーニング残留応力分布と疲労き裂伝播寿命の関係について，ばね論文集，No. 36 (1991)，pp.47-53.
31) 石上英征，横浜国立大学学位論文 (2001)，pp.79-81.
32) 松井勝幸，ショットピーニングによる歯車の疲労強度向上，いすゞ技報，第118号 (2007)，pp.56-61.

# 付 録

# ショットピーニング用語小辞典

# ショットピーニング用語の解説

工業・工学の分野で用いられているショットピーニング用語を採録し，解説している．同じ意味をもつ複数の用語がある場合は，これらすべてを見出し語としてある．また，一般工学用語に関しては，ショットピーニングの分野でとくに重要な用語の場合は採録対象として，ショットピーニングの観点からの説明を行っている．

次のような項目別に用語をまとめている．

1. 基礎用語
2. ピーニング方法
3. ピーニング効果・作用
4. ピーニングの強度評価
5. ショット
6. 疲労強度
7. 耐 SCC 効果
8. 耐摩耗性能・潤滑性能
9. 切り欠き，応力集中緩和
10. 成形
11. ピーニング加工法
12. 残留応力測定
13. ピーニングの後処理
14. 材料・組織

# ショットピーニング用語

## 1. 基礎用語

**ショットピーニング　shot peening**　噴射加工のひとつ．合理的な範囲で球形をした金属あるいは非金属の粒子を高速度で部品表面に投射する加工法．部品表面には圧縮残留応力の生成，表面粗さの変化，硬さの変化および変形を生じ結果として，疲労強度，耐応力腐食割れ，潤滑効果を向上させる．変形を積極的に利用するのがピーンフォーミングである．なお，一般的には削食はピーニング効果に含めない．

**噴射加工　blasting**　投射粒子による加工の総称．粉粒体を遠心力により，あるいは空気，水，ガスに混ぜ，被加工物に投射または噴射して表面を加工する．投射される粉粒体を投射材と呼び，鋳鉄および鋳鋼ショット，グリット，カットワイヤ，ガラスビーズ，セラミックショット，ナイロンショット，くるみショット，アランダム，ガーネット石，硅砂など各種の材質がある．投射材の大きさは材質により異なるが，0.05～3mmまでが多い．

**ブラスト加工　blasting**　噴射加工のこと．

**ショットブラスト　shot blasting**　噴射加工と同義で，研掃や削食を目的とする場合に用いられることが多い．グリットブラストの俗称として用いられることがある．

**サンドブラスト　sand blasting**　ショットピーニングやグリットブラストの俗称．現在のようなスチールショットが発明される以前は投射材として砂を使用していたため，この名が残った．研掃や削食を目的とする場合に用いられることが多い．

**グリットブラスト　grit blasting**　噴射加工のひとつで，研掃や削食を目的として行う．投射材としてショットを破砕して製造したグリットを使用する．

## 2. ピーニング方法

**ストレスピーニング　stress peening**　対象とする面に引張応力(初応力)を付加した状態で行うショットピーニング．加工された表面層は初期の付加応力とピーニングにより誘起された応力が重畳した状態となる．ピーニング後，付加応力を除くと，生成された圧縮残留応力は，通常のショットピーニングに比べ大きな値を示し，疲労強度に対する効果がきわだって増大する．ストレインピーニングともいう．

**ストレインピーニング　strain peening**　ストレスピーニングのこと.

**常温ピーニング　shot peening**　常温で行う通常のショットピーニングのことで，温間で行うピーニングに対して用いる用語.

**温間ピーニング　hot peening**　焼入焼戻し後のソルバイト組織のばね鋼に150～300℃の温間で行うショットピーニング．本加工によって生じた転位周辺の格子間隙にコットレル効果によって侵入型原子が引き寄せられる．ばねに対するショットピーニング方法のひとつで，疲労強度が向上する.

**二段ピーニング　double peening**　比較的強度の高いショットピーニングの後，低強度でピーニングを行い，表面近傍に大きな圧縮残留応力を得ることを目的とするピーニング．本加工により表面値，深さともに十分な圧縮残留応力分布が得られ，疲労強度が向上する.

**多段ピーニング　multi peening, multi stage peening**　効果的な残留応力分布を得ることを目的とし，条件を変えて数回行うピーニング．2回までのものが多く，これをとくに二段ピーニングという.

**普通ショットピーニング　ordinary shot peening**　呼び径が0.2㎜を超え、硬さ400～600HVの1種類のショットを用いて行うショットピーニング.

**強力ショットピーニング　heavy shot peening**　普通ショットピーニングよりも硬いショットを用い，硬質被加工材に大きな圧縮残留応力を付与するショットピーニングのこと．通常用いるショットピーニングより強力であることより，ハードショットピーニングやハイショットピーニングともいう.

**ハードショットピーニング　hard shot peening**　強力ショットピーニングのこと.

**ハイショットピーニング　high shot peening**　強力ショットピーニングのこと.

**ファインショットピーニング　fine shot peening**　呼び径が0.2mm以下のショットを用いて行うショットピーニング.

**フラップピーニング　flap peening**　小面積部分あるいは穴内面をピーニングする方法のひとつ．羽根状繊維に投射材を接着したフラップとよばれる工具を高速回転させることにより加工する．加工能率は悪く通常の方法に比べ，10～50倍の処理時間を要す．ロータリーフラップピーニングともいう.

**液体ブラスティング　wet blasting, wet peening, liquid honing**　ピーニング効果を期待して行う液体ホーニングのこと．ウエットピーニングともいう.

**液体ホーニング　liquid honing**　水と研磨材との混合液をスラリーポンプでブ

ラストノズルに送り，ジェットノズルからの圧縮空気（0.1～0.6MPa）により混合液を加速させて，加工面の清浄や梨地化を行う加工法．ピーニング効果を期待して行う場合，液体ブラスティングと呼ぶことがある．

**ドライホーニング　dry honing**　ショットブラストのこと．液体ホーニングに対して用いる用語．

**マスキング　masking**　不必要部分のピーニングを避けるため，当該箇所を覆うこと．マスク材料としてはゴム板および各種テープが用いられる．

## 3. ピーニング効果・作用

**ピーニング効果　peening effect**　ショットピーニングにより発生する被加工材の特性を向上させる以下の効果のこと．加工層の圧縮残留応力や加工硬化に起因する疲労強度，耐摩耗性，耐応力腐食割れなどの向上．ピーニング面特有の表面粗さに起因する放熱性や潤滑性の向上，および流体抵抗の減少などの効果．期待するピーニング効果を得るには，その目的に応じた適正な条件を選定する必要がある．これに関連する因子は非常に多い．

**削食　stock remova1**　主にグリットブラストやサンドブラストによって現われる被加工物の質量減少のこと．ショットピーニングでは加工が過剰にならなければ起こらない．削食に影響する要因には，被加工物の材質と表面状態，投射粒子としては材質，形状および寸法があり，投射条件としては投射速度（空気式の場合は投射圧力で表わす），投射密度，および投射時間，投射角などがある．

**研掃　blast cleaning**　ブラスト加工におけるクリーニング，ディスケーリング，バリ取りなど，加工表面に与える働きの総称．なお，ブラスト加工にはピーニング，梨地化などの働きもある．

**クリーニング　cleaning**　錆落し，表面付着物落し，めっき・塗膜落しなど表面の清掃のこと．この目的にブラスト加工が使用される場合，投射材はショット，グリット，ガラスビーズなどで，加工対象物，処理目的によって使い分けられる．

**ディスケーリング　descaling**　表面酸化スケールの除去を目的とした加工の総称．黒皮除去や酸化膜除去を含む．使用される投射材はショット，グリット，ガラスビーズ，酸化アルミナ粉などで，加工対象物の材質，表面硬さによって使い分けられる．

**黒皮除去　scale removal**　ディスケーリングのひとつ．現場用語で，鉄鋼材料の圧延，鍛造，熱処理時などに発生した表面酸化スケール（一次スケール $Fe_2O_3+Fe_3O_4$）の除去．

**酸化膜除去　descaling**　ディスケーリングのひとつ．ブラスト加工は鉄製品を対象に広く採用されており，黒皮除去より強度の加工で，酸洗い法とほぼ同程度の除去が可能である．使用される投射材はショット，グリット，ガラスビーズなどで加工対象物の材質，表面硬さによって使い分けられる．

**バリ取り　deburring**　機械加工，成形，鋳造，ダイキャスト，プレスなど各種加工時に発生するバリを除去すること．この目的でブラスト加工をする場合は，バリの厚み，材質，仕上げの程度により，ショットの材質，サイズ，形状，投射速度などの加工条件が決定される．

**梨地化　patterning**　平滑な表面にブラスト加工し，所定管理幅内の梨地状表面性状を得ること．表面粗さと単位長さあたりの粗さの山数で加工度を示す．ダル加工用圧延ロールの表面仕上げなどに適用される．

**ミクロプール効果　micro-pool effect**　ショットピーニングによって生じる球面状の微小な凹凸が油溜りとなって潤滑効果をもたらすこと．

**ディンプル効果　dimple effect**　ショットピーニングによって生じる球面状の微小な凹凸に起因する効果のこと．ミクロプール効果や流体抵抗を減少させる効果がある．

**封孔処理　sealing**　多孔質被膜の耐食性，物理的性質などを改善する処理の総称．金属部品では封孔処理の目的でショットピーニングが用いられることがある．

**オーバーピーニング　over peening**　ショットの粒径や速度が大きすぎたり投射時間が長すぎるなどのために，ピーニングの効果が低下したり悪影響が表れる現象．

## 4. ピーニングの強度評価

**ピーニング強度評価　evaluation of peening intensity**　ピーニング加工の程度を評価する．主な評価項目としては，①アークハイト，②カバレージ，③残留応力，④硬さ，⑤粗さがある．

**ピーニング強度　peening intensity**　単位表面積に単時間当たりに作用するショットの運動エネルギーで表した強度．実用上，アルメンアークハイトによって評価する．

**投射エネルギー　blasting energy, kinetic energy of a shot**　ショットの運動エネルギーのこと．投射エネルギーが大きいほどピーニング強度（アークハイト値）が大きくなり，被加工材の表面粗さ，加工層，変形などが大きくなる．

**投射密度　projection density, density of dent**　ショットの投射量を表す尺度のひとつ．単位時間・単位面積あたりの投射エネルギあるいは痕の数で表す．ただし単位面積あたりに投射するショットの重量で表す場合もある.

**投射量　project amount**　単位時間あたりに投射するショットの質量のことで，1分あたりの重量で表すことが多い．一般に投射量が多いほど被加工材に衝突するショットが多くなりフルカバレージタイムが短くなるが，多すぎるとショット同士の衝突などにより加工の能率が減少する．空気式投射機の場合は噴射圧力やノズル径によっても制限される.

**投射角　impact angle, peening angle**　ショットの運動方向と加工面とのなす角度のこと．一般に加工面からの角度で表すが，法線からの角度で表す場合もある.

**投射時間　exposure time, peening time, blasting time**　加工時間のことで，ショットピーニングの目的や投射条件により異なる.

**パス　pass**　加工装置内を通過させながらショットピーニングを行う場合の通過回数のこと．パスの回数 $n$ とカバレージ $C_n$ との関係について，SAE では次式を示している.

$$C_n=1-(1-C_1)^n$$

ここで，$C_1$ は1パスでのカバレージ.

**アルメンストリップ　Almen strip, Almen test strip**　アークハイトを求めるための試験片のこと．板の材料は特定されている．厚さによってC，A，Nの3種類がある.

**アルメンゲージ　Almen gauge**　アルメンストリップのアークハイトを測定するための測定具.

**保持具　Almen test strip holder**　アルメンストリップを保持するための金具で，その硬さはアルメンストリップと同程度であることが望ましい.

**アークハイト　arc height**　ショットピーニングによるアルメンストリップの弧状の変形．ピーニング強度評価の目安の1つ．その表示法はアルメンゲージの読みの後に使用した試験片種類を付して示す.

例：0.35mmA，0.20mmC，0.25mmN.

**アークハイト測定法　arc height measurement**　アルメンストリップの湾曲量（アークハイト）をアルメンゲージにより測定．以下の手順で行う．①アルメンストリップを保持具にセットする．②ピーニング強度を測定する場所に保持具とともに固定する．③所定の条件でショットピーニングする．④保持具から取り外す．⑤アルメンゲージにセットし，湾曲量を読み取る.

**カバレージ　coverage**　ショットピーニングの加工程度を示すもので，被加工材への加工全面積AとAに含まれる圧痕面積の総和Bより，カバレージC=（B/A）×100（%）と定義する.

**ビジュアルカバレージ　visual coverage**
痕面積から算定したカバレージのことで，エリアカバレージと同義語．単にカバレージともいう．

**フルカバレージ　full coverage**　ショットピーニングの加工程度を示すもので，加工面が痕で覆い尽くされた状態をいう．フルカバレージの判定は，①10～30倍の拡大鏡による目視検査，②ダイスキャントレーサによる検査がある．計測上98%以上の定量的測定が困難である場合には，便宜上98%をもって100%と見なし，フルカバレージと表現する．

**ダイスキャントレーサ　dye scan tracer**
被加工物に塗布してカバレージを検査するための蛍光性液体のこと．被加工物の材質，形状などによりカバレージの確認が困難な場合，被加工物に均一に塗布し，ショットピーニング後に紫外線のライトを当ててカバレージの測定を行う（Metal Improvement Technology特許）．

**フルカバレージタイム　full coverage time**　フルカバレージに至る加工時間，すなわちピーニングにより加工面が痕で覆い尽くされるまでの時間のこと．

**エリアカバレージ　area coverage**　痕面積から算定したカバレージのこと．

**カバレージ測定法　coverage measurement**
以下の２つの測定法が代表的である．①加工面内の痕の総面積を測定し，加工面積との割合より算出する方法と②あらかじめカバレージが既知である標準写真との比較より求める簡易測定法．

**カバレージ標準写真　standard photograph for coverage**　カバレージの簡易測定法においてルーペにより観察し対比するときの基準となる写真のこと．

**痕　dent**　投射されたショットの衝突によって生じた被加工物上のショットの接触部分のこと．

**残留応力　residual stress**　安定な原子（分子）間距離から偏移している状態が残留応力に相当する．これには平均的なものと，平均値からのバラツキとがあるが，ショットピーニングで扱われているものは主として平均的なもので，X線による測定の際の回折線のピーク位置の移動に相当する．残留応力は部材の成分の不均一や，機械的，熱的な不均一な処理によって生成される．ショットピーニングでは，ショットによる表面層の延展により，加工面付近に圧縮の残留応力が得られる．

**残留応力分布　residual stress distribution**
ショットピーニングによって発生する残留応力は，表面層の浅い領域に非常に高い圧縮応力が現われ，内部の広い領域で低い引張応力が現われる．残留応力は加工条件により変化するが，力学的釣り合い条件を満たすように分布する．残留応力分布には，最大応力が加工面に生成される「C形」と内部に発生する「S形」などがある．疲労強度の向上，応力腐食割れの防止などは，主として圧縮残留応力の効果である．

**表面残留応力**　**surface residual stress**
　被加工材の表面に現われた残留応力のこと．

**残留応力の緩和**　**relaxation of residual stress**　残留応力は使用中に変化する場合があり，ショットピーニングにより発生する高い圧縮残留応力値も使用中に減少する場合がある．残留応力の変化は，一般的に作用応力が大きいほど大きく，時間的には応力のかかりはじめほど大きい．

**硬さ**　**hardness**　材料の機械的性質の1つ．ショットピーニング加工層の硬さ試験には試験力の小さい微小ビッカース硬さ試験機やロックウェル・スーパーフィシャル硬さ試験機などが用いられることが多い．

**加工硬化**　**work hardening**　変形が進むにつれて起こる変形抵抗または硬さの増加のこと．ショットピーニングされた被加工材表面層の加工硬化は，疲労強度，耐摩耗性に対するピーニング効果発生の要因のひとつとされている．

**加工軟化**　**work softening**　変形による降伏応力または硬さの低下．焼なまし材では加工軟化は起こらないが，何らかの加工履歴のあるものは，予変形と逆方向の変形を受けることにより加工軟化が起きる場合がある．ショットピーニングによっても予変形の程度が大きい場合に表面より内部で加工軟化が起きる．

**硬さ分布**　**hardness distribution**　材料の表面からの垂直距離と硬さとの関係を表す曲線．

**表面粗さ**　**surface roughness**　表面の凹凸で表わされる被加工材の表面特性のひとつで，疲労強度，摩耗，応力腐食割れなどに関係する．ショットピーニングによる球面状の表面粗さは，ディンプル効果やミクロプール効果をもたらす一方，疲労強度を低下させる因子となる．ただし，加工硬化層や圧縮残留応力層の生成により，総合して疲労強度が増加する条件で加工される．グリットブラストの表面粗さはショットピーニングの場合より大きく，放熱性の向上効果や塗装に対するアンカー効果をもたらす．

**痕形状**　**profile of dent**　痕形状を大別すると，痕の近傍が盛り上がるパイリングアップ（piling-up）と，沈み込むシンキングイン（sinking-in）とがある．ショットピーニングの場合には，被加工材の機械的特性や衝突速度などにより若干変化する．

## 5. ショット

**投射材**　**abrasives**　噴射加工に用いられるメディアで，その種類は非常に多い．

加工の目的に応じ，材質，形状，サイズが適宜選択される．なお，鋼材の塗膜下処理のISO規格では研削材とよばれている．

**ショット　shot**　ショットピーニングに使用される投射材の総称で，大略球状の粒子．ただし，球形でないものも慣例的にショットということがある．素材によって，金属系，ガラス系，セラミック系，樹脂系，植物系に分類される．

**スチールショット　steel shot**　鋼を素材とするショットの総称で形状は大略球状である．鋳鋼ショットとカットワイヤショットなどがあり，鋳鋼ショットには高炭素鋳鋼ショットと低炭素鋳鋼ショットとがある．なかでも高炭素鋳鋼ショットが最も広く使用されている．場合によっては鋳鉄ショットを含めることもある．

**鋳鋼ショット　cast steel shot**　溶鋼を噴霧することにより球形のショットとする鋳造・熱処理のプロセスで製造された金属系の投射材．これには高炭素鋳鋼ショットと低炭素鋳鋼ショットとがある．

**高炭素鋳鋼ショット　high-carbon cast steel shot**　高炭素溶鋼を噴霧することにより球形のショットとする鋳造プロセスで製造された金属系の投射材．

**低炭素鋳鋼ショット　low-carbon cast steel shot**　低炭素溶鋼を噴霧することにより球形のショットとする鋳造プロセスで製造された金属系の投射材．

**鋳鉄ショット　chilled-iron shot**　溶鉄を噴霧することにより球形のショットとする鋳造プロセスで製造された金属系の投射材．破砕しやすく使用頻度は低い．

**カットワイヤショット　cut wire shot**　所定の硬さをした鋼線を切断して円柱状にした金属系の投射材．線径と長さとの比がほぼ1:1で，切断面が大略中心線に対し直角をなすものである．ショットピーニングには角を丸めてから使用される．

**ステンレスショット　stainless shot**　ステンレス鋼を素材とするショット．SUS304が主流．スチールショットと同様な製造方法によるものとカットワイヤとがある．ステンレスビーズとよばれることもある．

**ガラス系ショット　glass shot**　ガラスを素材とするショットで，エッヂ，破砕面などの表面欠陥を有しない球状のショット．ガラスビーズとよばれることが多い．軽度のピーニングを目的として使用されることが多い．航空機部品のショットピーニングにも使用される．

**ガラスビーズ　glass beads**　ガラスショットのこと．

**セラミック系ショット　ceramic shot**　セラミック製のショットで，エッヂ，破砕面などの表面欠陥を有しない球状のショット．セラミックビーズと呼ばれることが多い．金属系ショットに比べ破砕しやすいが，ガラスショット（ガラスビーズ）と同様な目的で使用されることが多い．

**セラミックビーズ　ceramics beads**　セラミックショットのこと．

**樹脂系ショット　plastics shot**　樹脂を素材とするショット．物性，形状・寸法については現状では規格がなく，ユーザーと製造者とで定める．形状としては，球状，円柱状，多角形状の３種類がある．ショットに使用される素材はナイロンやポリエステルなどの熱可塑性樹脂とユリアなどの熱硬化性樹脂がある．射出成形品のバリ取りなどに用いられる．

**植物系ショット　planatas shot**　植物の種子や穂軸などを素材とするショットで，コーン，ナッツ，アンズなどが使用される．

**くるみショット　walnut abrasives**　くるみの種子を乾燥させ破砕した後，殻の部分のみをふるい分けて製造した非球形ショット．平均含水率は 8.5% 以下．主として熱硬化性樹脂のバリ取りに使用される．

**亜鉛ショット　zinc shot**　純亜鉛又は亜鉛合金製の球状ショットで，アルミダイキャスト製品のバリ取り能力に優れている．粉塵爆発感度はアルミショットの1/10 以下．比重はアルミショットの約 2.5 倍．

**アルミカットワイヤショット　cut aluminum wire shot**　アルミニウム線を切断して円柱状にした投射材．線径と長さとの比が 1:1 で，切断面が大略中心線に対し直角をなすもの．主としてアルミダイキャストのバリ取りに使用される．

**グリット　grit**　破砕面および稜角を有し，主として角張った球状度が半球以下の粒子．球状粒子を破砕して製造する．グリットブラスト用投射材の総称．

**超硬ショット　tungsten-carbide shot**　炭化タングステンとコバルトの粉末を造粒・焼結することにより製造された投射材．高比重（約 14）高硬度（約 1400HV）が特徴．

**投射材の粒度　media size**　投射材の大きさを表わすもので，通常粒度範囲のほぼ中間を示す数値に基づいて表示される．例 s-100（1.0mm サイズ）．ただし，ガラスビーズの場合は，ふるいのメッシュサイズでよばれることが多い．

**ショット粒度分布　shot size distribution**　標準ふるい上のショット量を重量残留率で表わす．JISZ8801 に規定する標準網ふるいを用いて，JISG5904 に規定する粒度試験方法に基づいて測定する．

**ショット寿命試験機　shot life tester**
ショットの寿命を測定する試験機で，原理的にはショットを繰返し投射し，一定期間の破砕度を測定する．ストラウブ式，アーヴィン式などがある．

**ショット寿命　shot life**　ショットを繰返し投射使用する場合，初期の目的，機能を維持できなくなるまでの耐用投射回数で示す．寿命の表わし方は，ショット平均寿命，ショット比反覆数寿命，ショット倍数寿命などで表わすことが多い．

**ショット平均寿命　shot average life**
通常，ショットは各粒子各々の寿命が異なるため，所定のサンプル粒子の寿命を平均して平均寿命とする．

**ショット比反覆数寿命　shot life test（complete breakdown to stabilized loss method）**　所定の寿命試験において，初期設定重量100gで，投射回数または単位時間あたりのショットの追加量が一定値に近づくまで寿命試験を繰り返し，一定値が得られたときの繰返し数，ショット倍数寿命所定の寿命試験において，初期設定重量100gに対し，投射回数または単位時間あたりのショットの追加量を百分率で表わし，その合計が100%になったときの繰返し数．

**残留率　percent retained，fraction retained**
ショット寿命を測定する場合，目的によるコントロールスクリーンを設定し繰返し投射後，コントロールスクリーン上に残留する比率をいう．ショットの損耗を管理する目的で用いられる．

## 6. 疲労強度

**疲労寿命　fatigue life**　繰返し応力，繰返しひずみを受けた部材が疲労破壊するまでの繰返し数．

**疲労限度　fatigue limit，endurance limit**
疲労試験において無限回数の繰返しにおいても疲労破壊しない応力の上限値．なお実用上の繰返し数としては$10^7$回を用いることが多い．耐久限度ともいう．

**耐久限度　endurance limit**　疲労限度のこと．

**疲労強度　fatigue strength**　疲労に関する疲労限度および時間強さの総称．

**疲労試験　fatigue test**　試験片に繰返し応力，変動応力もしくは繰返しひずみ，変動ひずみを加え，疲労寿命や疲労限度などを求める試験．

**片振り疲労限度　pulsating fatigue limit**
疲労試験の応力条件がゼロと最大値もしくはゼロと最小値をとるときの疲労限度．片振り耐久限度ともいう．

**片振り耐久限度　pulsating endurance limit**　片振り疲労限度のこと．

**両振り疲労限度　reversed fatigue limit**

疲労試験の応力条件が正負の等大値間を繰返すときの疲労限度．両振り耐久限度ともいう．

**両振り耐久限度　reversed endurance limit**　両振り疲労限度のこと．

**疲労き裂伝播寿命　fatigue crack propagation life**　疲労き裂が発生してからき裂が伝播し疲労破壊するまでの繰返し数をいう．疲労き裂の伝播寿命は破壊力学によって定量的に計算が可能で，部材の寿命予測が行われる．

**S-N 線図　S-N diagram**　疲労試験において，縦軸に応力，横軸に破壊までの繰返し数をとって描いた線図．繰返し数は対数表示が普通であるが，応力は対数を用いる場合と用いない場合がある．ベーラー（Wöhler）線図ともいう．

**疲労限度線図　fatigue limit diagram**　疲労限度が繰返し応力の変動範囲の相違によって変化する状態を示した線図．最も普通のものは，(1) 横軸に平均応力，縦軸に応力振幅をとって表わすヘイ（Haigh）の方法，(2) 横軸に平均応力，縦軸に最大・最小応力をとって表わすスミス（Smith）の方法，(3) 横軸に最小応力，縦軸に最大応力をとって表わすグッドマン（Goodman）の方法の3種類がある．

**P-S-N 線図　probability S-N diagram**　S-N 線図の傾斜線の破壊確率をワイブル確率紙から求めて作成した線図．応力振幅ごとの耐久データをワイブル確率紙に表わし，一般に破壊確率 10%（下限），50%（平均），90%（上限）を求めて作成する．

**曲げ疲労試験　bending fatigue test**　繰返し曲げ応力や繰返し曲げひずみによる疲労試験．

**応力振幅　stress amplitude**　疲労試験における，繰返し応力の最大値と最小値との代数差の二分の一．

**疲労試験機　fatigue testing machine**　繰返し荷重もしくは繰返しひずみを加え，破壊までの繰返し数を調べる試験機で油圧式，電磁式，機械式がある．両振り曲げ疲労試験機である小野式回転曲げ疲労試験機は試験速度も速く簡便なため多くの試験に用いられている．

**回転曲げ疲労試験機　rotary bending fatigue testing machine**　円柱状の試験片に重錘などで片持ち曲げや均一曲げによる曲げモーメントを負荷し，モータなどで試験片を回転させ，曲げ疲労強度を調べる試験機．そのため試験片表面の応力状態は完全な両振り曲げとなる．一般に試験速度が速いため多用されている．小野式，中村式，ヘイ・ロバートソン式回転曲げ疲労試験機などがある．

**ワイブル分布　Weibull distribution**　信頼性モデルとして Weibull が提唱した

分布．全体の強度が構成要素の強度分布によって決定されるとする最弱リンクモデルからなっている．疲労破壊などの信頼性評価に使用される．対数正規分布と同様，S-N 線図の傾斜部の破壊確率を求める場合に使用され，P-S-N 線図作成に用いられる．

**高温疲労　fatigue at elevated temperature**　高温にさらされる環境での疲労．通常，高温になるほどまた繰返し速度が遅いほど疲労強度は低下する．しかし炭素鋼では青熱脆性の生じる温度範囲で極大を示す場合がある．

**フレッティング　fretting**　接触する 2 面間の相対的な繰り返し微小すべりにより発生する摩耗現象をフレッティングという．

**下限界応力拡大係数範囲　threshold of stress intensity factor range**　疲労き裂が進展しない限界の $\Delta$K 値．

**応力拡大係数範囲　stress intensity factor range**　き裂をもつ材料に繰返し力が作用するとき，き裂の寸法，最大荷重及び最小荷重から算出される応力拡大係数(K)の最大値($K_{max}$)と最小値($K_{min}$)との差．$\Delta K = K_{max} - K_{min}$ ($K_{min} > 0$)．単位は，$MPa \cdot m^{1/2}$ を用いる．

**き裂発生寿命　crack initiation life**　疲労き裂が発生するまでの繰返し数．疲労き裂の発生から伝播の過程は現状明確になっていないことから，通常はあるき裂長さをもって発生と定義する．そのため定義によって全寿命に寄与する発生寿命と伝播寿命の割合は異なってくる．

**破壊力学　fracture mechanics**　き裂の連続体力学と材料強度学および構造力学の応用学である．そのため応用範囲は広く，材料を選ばず，対象は船舶から IC までの疲労，脆性，環境破壊問題を取り扱っている．最近ではショットピーニングと疲労強度の関係の定量化にも応用されている．

**浸炭　carburizing**　鋼製品の表面層の炭素量を増加させるために，浸炭剤中で加熱する処理．浸炭だけで使用されることはなく，浸炭後に焼入焼戻しを施し，歯車などに用いられている．

**ばね鋼鋼材　spring steel**　ばねに用いられる鋼で，熱間成形ばね鋼と冷間成形ばね鋼がある．熱間成形ばね鋼は冷間成形できない大形の板ばね，コイルばねに用いられる低合金鋼で JIS には SUP という規格がある．ばね成形後，焼入焼戻しにより 388 ～ 514HBW と高硬さにされるため，炭素量が 0.5 ～ 0.9% と比較的多いことが特徴である．また，焼入れ性を確保するために Mn や Cr を添加し，さらに高い弾性限度を期待し，多くの鋼種に Si が添加されている．冷間成形ばね鋼は，コイルばね用として硬鋼線，ステンレス鋼線のような引抜き線やオイルテンパー線が用いられる．また，薄板ばね用として冷間圧延，焼なましそして熱処理された鋼帯がある．

**フィッシュアイ** fisheye 浸炭鋼，窒化鋼，高周波焼入鋼，ベアリング用鋼，ばね用鋼など高強度材料の疲労破壊破面の特徴的な模様．材料の内部に存在する非金属介在物などから発生した疲労き裂が成長し形成された破面．

**マルテンサイト** martensite 元のオーステナイトと同じ化学組成をもつ体心正方晶又は体心立方晶の準安定固溶体．オーステナイトを急冷した場合に，Ms 点以下の温度で拡散を伴わずに変態して生じる．オーステナイトのショットピーニングなどの冷間加工での塑性変形によって生じることもある．この変態をひずみ誘起変態または加工誘起変態という．

**残留オーステナイト** retained austenite 焼入硬化後，常温において残留する未変態オーステナイト．

**非金属介在物** non-metallic inclusion 鋼の中に残留した酸化物，窒化物および硫化物からなる微細な第二相．鋼の精錬過程や耐火物の混入によって生じる．非金属介在物は鋼の強度が高い場合には疲労破壊の起点となるため，ベアリング用やスプリング用および歯車用の鋼では脱ガス処理が行われている．

## 7. 耐 SCC 効果

**応力腐食割れ** stress corrosion cracking 腐食と残留応力または腐食と印加応力のように腐食と金属のひずみとの相乗作用から生じる割れ．全面腐食が生じる場合には，通常この種の割れは生じない．応力腐食割れは引張応力である場合にだけ生じる．また腐食性の環境に接する金属の表面で発生するため，金属の表面に圧縮応力を形成するショットピーニングは，この種の破壊を防ぐのに有効である．オーステナイト系ステンレス鋼の場合の環境要因は，塩素イオンであることが多い．海水ばかりでなく，淡水中に存在している 10ppm 前後の塩素イオン，断熱材中の塩化物，または大気中に浮遊している海塩粒子さえもが原因になる．遅れ破壊（水素脆化）も広義の応力腐食割れとよばれることがあり，粒内型応力腐食割れと粒界型応力腐食割れがある．

**腐食疲労** corrosion fatigue 腐食と金属の繰返し変形との相乗作用からなる材料の疲労．腐食疲労は，金属が腐食環境において周期的なひずみを受ける場合に起こり，割れを生じることがある．たとえば，水中で繰返し応力によって破壊する場合，大気中での場合よりも少ない繰返し数で破断する．応力腐食割れと同様の理由により，ショットピーニングはこの種の破壊を防ぐのに有効である．

**擦過腐食　fretting corrosion**　接触している２つの表面間における繰返し擦過と腐食との相乗作用からなる材料の劣化．擦過腐食は，ベアリングと軸とのはめあい部など振動構造物中の機械的接合部に生じる場合があり，これを起点として，疲労破壊に発展することがある．ショットピーニングがこの防止に有効であるという報告がある．

**水素脆化　hydrogen embrittlement**
水素の吸収によって金属の靭性あるいは延性の低下を生じる現象．水素脆化は，たとえば腐食あるいは電気分解で生じる水素と関連することが多く，その結果として割れを生じる．ほとんどは高強度鋼に生じ，たとえば硫化水素による腐食，めっきの際の電気分解で生じる水素による．高強度鋼の遅れ破壊も水素脆化の一種である．水素脆化は広義の応力腐食割れの一種であるから，ショットピーニングによって防ぐことができる．

**粒界腐食　intergranular corrosion**　金属の粒界あるいはその隣接部における腐食．たとえばオーステナイト系ステンレス鋼の溶接熱影響部が鋭敏化している場合に生じることがある．ショットピーニングが粒界腐食に有効であるとの報告がある．

**腐食　corrosion**　金属とその環境間の物理化学的・電気化学的相互作用による材料の劣化．結果として金属はもとよりこれを取り巻く環境をも損傷させることが多い，

**粒界型応力腐食割れ　intergranular stress corrosion cracking（IGSCC）**
粒内型応力腐食割れに対する用語で，結晶粒界に沿って割れが進行する現象．鋭敏化している場合に起きることが多い．原子力発電所の高温高圧水中のステンレス鋼の割れがこの種のタイプ．応力の大きさによって粒内型と混在する場合もある．

**水素誘起割れ　hydrogen induced cracking（HIC）**　水素脆化の一種で，外力が作用しない状態で，含有水素や残留応力によって発生する破壊現象．

**遅れ破壊　delayed fracture**　破断荷重以下で静的に継続負荷された鋼材が突然破壊する現象で，特定環境下で生ずる．高強度鋼で発生しやすく，また強度が増すほど発生しやすい．広義の遅れ破壊には，鋼中に侵入した水素により鋼材の脆化が進むために起こる水素脆化割れ（HC）とアノード反応による金属腐食が支配する応力腐食割れ（SCC）とがある．

## 8. 耐摩耗性能・潤滑性能

**耐摩耗性　wear resistance, resistance to wear**　摩耗に対する強さのこと．摩耗には凝着摩耗，アブレシブ摩耗，腐食摩耗，疲労摩耗の基本形態があり，耐摩

耗性の要因はそれぞれ異なっている．材料における摩耗の要因は摩擦表面の親和性，組織，粗さ，硬さ，残留応力などである．ショットピーニングは表面粗さ，加工硬化，圧縮残留応力などの特性値を変化させるため，耐摩耗性の向上が期待できる．

**フレッティング摩耗　fretting wear**　互いに小振幅の往復すべりを行う接触面に生じる摩耗のことで微動摩耗ともいう．影響因子には接触圧力，振動数，振幅，温度，湿度，潤滑剤などがある．ショットピーニングは接触面の表面性状，加工硬化，圧縮残留応力などの特性値を制御し，フレッティングを防止する効果がある．

**微小油溜り　micro oil-pool**　潤滑性能を増すための微小なくぼみのことで，代表的なものに「きさげ」がある．ショットピーニングの表面性状も同様の働きをし，無方向性の特徴がある．

**潤滑効果　1ubricating effect**　潤滑性能を向上させる効果．ショットピーニングによる表面性状は微小な油溜りとなって潤滑性能を向上させる効果をもっている．

## 9. 切り欠き，応力集中緩和

**切り欠き係数　stress notch factor**　平滑材の疲労限度を切り欠き材の疲労限度で割った値で，通常は$\beta$の記号で記す．切り欠き係数は部材の寸法，形状，強度の影響を受け，一般には応力集中係数よりも小さな値となる．

**応力集中係数（形状係数）　stress concentration factor**　切り欠き付きの部材に荷重を負荷した場合，切り欠き部は応力集中により応力が高くなる．その最高値とその部分での公称応力との比をいう．

## 10. 成形

**ピーンフォーミング　peen forming**
ショットピーニングによる被加工物表層の延展によって引き起こされる変形を被加工物の輪郭成形加工に応用したもの．航空機の翼や機体など大型板構造材料の成形に用いられる．ショットピーンフォーミングともいう．

**ショットピーンフォーミング　shot peen forming**　ピーンフォーミングのこと．

**ボールフォーミング　ball forming**　ボールピーニングによるピーンフォーミングのこと．

## 11. ピーニング加工法

**空気式　air type**　乾式と湿式があり，乾式では吸引式，重力式，直圧式の種類がある．また，空気式は空気流式と呼ばれることもある．

**遠心式　centrifugal type**　ショットの加速を翼車（インペラー，Wheel）で行う方式．また，遠心型、遠心力式と呼ばれることもある．

**ブレード　blade**　遠心型加速装置の主要部品のひとつ．ショットを加速し飛ばすための部品．使用中に摩滅するため，特殊耐摩耗鋳鉄で作られたものが多く，直線形状のものと湾曲形状のものがある側板（ディスク）に固定する方式には，ボルト締め，ピン止めまたははめ込み式などがある．単位時間あたりの投射量が少ない加速装置においては，側板（ディスク）とブレードが一体になった形状のものがある．

**コントロールケージ（デフレクター）control cage**　遠心型加速装置の主要部品のひとつ．投射パターン（投射分布）を定める筒状の部品．胴体外周部にショットを放出する四角または三角形の開口部がある．放出口の位置を回転方向に調整すると投射パターン（投射分布）が変わる．ディストリビュータの中に取り付けられているため常時ショットが接触し，表面が摩耗しやすいため，ブレードと同様耐摩耗性の材料で作られることが多い．

**ディストリビュータ（インペラー）distributor**　遠心型加速装置の主要部品のひとつ．ショットをコントロールケージの放出口に均等に供給する機能をもつ部品．主軸に取り付けられ，高速回転するため，摩耗しやすいのでブレードやコントロールケージなどと同様コントロールケージに耐摩耗性材料で作られている．

**ノズル　nozzle**　ショットの噴出口で、空気式加速装置の最も重要な部品のひとつ．ノズルの形状は，平行型とベンチュリー型などがあり，パイプの内面や穴の内面を加工するための特殊形状をしたものもある．噴射性能に及ぼす影響は大きい．使用中の摩滅によりノズルの口径が変化するので，日常管理が大切である．使用される材質として，特殊鋼，セラミックスックス，タングステンカーバイド，立方晶系窒化ホウ素などがある．

**ベンチュリーノズル　venture nozzle**　圧縮空気のエネルギをショットの運動エネルギに効率よく変えることができる．開き角度には最適値がある．

**ショット速度　shot velocity**　ショット加速装置からショットが離れる時の速度で，秒で表わす．遠心式の場合はホイールの回転数で管理する．空気式の場合は投射速度の測定が困難ではあるが，エアー圧力とノズル口径による管理や，高速度カメラを使用し測定する．

**ショット投射量　projection amount、shot flow，media flow**　ショット加速装置から投射された単位時間あたりのショットの質量．

**集じん装置　dust collector**　集じん方式には，重力集じん，遠心力集じん，洗浄集じん，ろ過集じん，電気集じん法などがある．ショットピーニング装置には，ろ過集じん法のフィルター式が多い．

## 12. 残留応力測定

**残留応力測定法 residual stress measuring method** 外部から力が物体に作用しないとき，物体内で釣り合いを保って存在する内部応力の測定方法.
局部的に逐次除去しながら寸法変化を測定する破壊的方法と，X線回折，超音波，透磁率変化，バルクハウゼン効果などにより測定する非破壊的方法がある．

**マスキング法 masking method** X線回折を利用して深さ方向の残留応力分布を測定する際にX線照射する面のみ露出するため，円形や四角形の窓状の微小部分を塩化ビニール絶縁テープなどで被い，化学研磨あるいは電解研磨などにより除去しながら測定する方法．局部のみを無ひずみ的に研磨除去するため残留応力分布を変化させずに測定が可能な方法.

**X線残留応力測定法 X-ray stress measurement method** X線回折法を用いて被測定物自身の結晶格子面間隔をゲージとして，平面に対して幾つかの異なる方位の同一結晶格子面間隔の変化率をひずみ率として測定し，X線弾性定数を乗ずることにより応力値を求める方法.

**ブラッグ反射 Bragg's law** 結晶体に波長λの特性X線をθの角度で入射すると，重なり合った同一結晶格子面により散乱されたX線のうち，位相がそろった方向に強め合いながら反射する．nを任意の整数，格子面間隔をdとするとき，$n\lambda = 2d\sin\theta$ の関係式を満足する場合のみスペクトル（回折線）を生じる現象．．

**回折角測定法 diffraction angle measurement** 結晶面に対する入射X線ビームを0°とし，ブラッグ反射により出現するスペクトルのピーク角度を測定する方法で，一定波長によりゴニオメータなどを用いる角度分散分析法と，一定のブラッグ角で半導体検出器のようなエネルギ分解能の高い検出器を用いる波長分析法がある．

**X線浸透深さ X-ray penetration depth** X線は物体中を通過するとき指数関数的に減衰する．入射X線強度が1/1000となる深さをいい，侵入させるX線のエネルギと物質の密度に応じて決まる．X線応力測定では，試料面内に侵入し，反射してくる深さが重要であり，炭素鋼を例にすると，有効浸透深さは高々数ミクロン以下である．ショットピーニングのように表面直下に急激な応力勾配のある場合でも，電解研磨などにより逐次表面を除去しながら，深さ方向の応力分布を詳細に求めることが可能である．

**ソーラースリット soller slit** 平板金属箔を，ほぼ同等の厚みで幅の狭いスペーサと交互に積み重ねてできる狭い空間に，入射X線ビームを通して，発散角度を制限し，平行ビームを得るスリットで，測定誤差が小さい特徴がある．X線応力測定用ゴニオメータには，平行ビーム光学系として用いられている．

**$\sin^2\psi$-$2\theta$法　$\sin^2\psi$-$2\theta$ method**　測定平面の法線を基準に，測定点に対して，いくつかの傾き角$\psi$でX線を入射して得られる回折角度$2\theta$を求め，横軸を$\sin^2\psi$，縦軸を$2\theta$としてプロットした線図の勾配から応力を求める方法．

**cos $\alpha$法　cos $\alpha$ method**　背面反射法を用いて，単一入射で得られるデバイリングの全円周方向の回折角を求める応力測定法．

**ゴニオメータ　goniometer**　ウォーム減速機構を用いて回折角度を高精度に求める測角器．回転中心に測定物の平面をセットし，回転角度を計測する測角機で，シンチレーション検出器のようなゼロ次元検出器を回動させながら，X線回折強度分布を求めるもので，X線回折法では，ディフラクトメータとよぶこともある．

**シンチレーションカウンタ　scintillation counter**　NaI, ZnS, CdSなどの単結晶にX線を入射すると，蛍光（シンチレーション）を発し，その微弱光を光電子増倍管で電気信号に変換する放射線検出器.

**PSD検出器　position sensitive detector**
回折線強度分布曲線を一次元または2次元で記録する検出器．写真フィルムや輝尽性蛍光体などの二次元検出器の他，位置感度型比例計数管（PSPC）や半導体検出器（CCD）がある．

**半価幅　full width at half maximum intensity**　X線強度分布曲線の最大強度とバックグラウンド強度の中間に，バックグラウンドと平行な線を引き，X線強度分布曲線との交点間で決まる幅のことで，回折角度値で示す．X線応力で得られる分布曲線のピーク位置は，この半価幅中点をピーク位置と見なす方法が一般的に採用されている．さらに半価幅の大小は粒内ひずみ，硬さ，結晶粒度のパラメータともなる．

**照射制限マスク　irradiated aperture**
X線照射面積を絞るために，発散スリット出口に付ける制限スリット.

**X線入射角揺動法　insident X-ray beam oscillation method**　鋳物や熱間圧延厚板などのような粗大結晶粒を有する材料では，回折に寄与する結晶粒が少なく，X線回折強度が統計分布曲線とならず，応力測定精度が損なわれる場合がある．このようなとき，測定点を中心にして入射角度を±数度の範囲内で揺動させるか測定面に平行往復揺動させることにより応力測定精度を高める方法．

**電解研磨　electrolytic polishing**　X線応力測定する測定表面を無ひずみ状態で除去する方法の1つ．加工変質層や酸化スケールの除去の他，深さ方向の応力分布を測定する際の逐次除去法として使われる.

**X線的弾性定数　X-ray elastic constant**
弾性限度内の既知応力負荷状態で，X線的に結晶格子ひずみを測定して求めた弾性定数. 高強度炭素鋼のような微細結晶粒の集合体は等方弾性体と見なせ，材料試験法によって求めたヤング率やポアソン比をそのまま適用することができるが，冷間加工，めっきあるいは単結晶に近い粗大粒では，結晶面方位が配向しており，回折面によって著しく異なるため，X線的に求めた定数を用いなければならない.

**特性X線　characteristic X-rays**　特定の純金属へ電子ビームを衝突させた場合に発生する一定波長のX線のこと. X線応力測定では波長の長い CrKα 線などを使うことが多い.

**表面異常層　abnormal surface layer**
物体表面に応力測定したい物質とは異なった付着又は生成している薄層. 酸化スケール，めっき，塑性変形層などは必要に応じて電解研磨等で除去しなければならない.

**並傾法　ordinaly method**　検出器の走査面とX線入射傾斜角平面が同一の応力測定方法.

**側傾法　side inclination method**　検出器の走査平面がX線入射傾斜角平面と直交する応力測定方法で，並傾法では測定できない歯車底や低回折角度面による応力測定で用いられる方法.

## 13. ピーニングの後処理

**セッチング　pre-setting**　ばねにおいて疲労やへたり防止のために行われる作業. これによる残留応力の最大値はショットピーニングのそれに比べてはるかに小さく，表面において -98 ～ -196MPa である.

**ホットセッチング　hot-setting**　温度を上げて行うセッチング. 耐へたり性をより高める目的で行う. なお，これと同様な効果は，一定たわみを与えた状態で加熱するクリープテンパでも得られる.

**低温焼なまし　low temperature annealing**　ショットピーニング加工層も塑性加工材の一般的特性として内部ひずみによる弾性限の低下などが考えられ，低温焼なましによって弾性の回復をはかることが効果的であると考えられている. しかし，ショットピーニングの効果は残留応力によるものであり，低温焼なましの温度が高すぎる場合には，その有効な残留応力も減少するので，200 ～ 250℃以下にとどめておかなければならない.

**錆び止め　rust prevention**　ショットピーニングは腐食疲労を受けるものにも効果があるが，加工層は一般に錆びやすいので，ショットピーニング後はなるべく早く錆び止め塗装をするのが望ましい.

## 14. 材料・組織

**不完全焼入組織　abnormal surface structure**　浸炭時，表面層の結晶粒界に沿って Cr，Si，Mo などの元素が内部酸化し，焼入れ性が低下することにより焼入れ後の基地組織がマルテンサイトでなく，不完全焼入組織のベイナイトやトルースタイトとなる異常組織のことをいう．

**粒界酸化　intergranular oxidation**　熱処理において，金属製品の表面層の結晶粒界が，熱処理雰囲気中の酸素によって酸化される現象．内部酸化ともいう．

# 索　引

# 索 引

【あ】

アークハイト …………49, 51, 53-54, 56, 68, 101, 105-107, 109, 111, 112-113, 116, 119, 120-124, 126-127
圧縮残留応力 …… 2, 4, 8-11, 13, 15, 24-25, 27-28, 30-33, 38, 42-43, 49, 66, 68, 70, 82, 85, 98, 100, 103, 113, 117-119, 121, 123-128, 130, 131, 133, 135-137
アトマイズ法 ………………………… 39
アモルファスショット …………… 40, 42
粗さ曲線 ………………………… 79, 80
アルメンゲージ ………………… 105-109
アルメンストリップ ……… 105-113, 126
アルメンストリップホルダ …… 106, 107, 110, 112
インテンシティ …………… 98, 111-113
うねり曲線 ………………………… 79
エリアカバレージ ………………… 110
遠心式ショットピーニング装置 ……… 55
応力ショットピーニング ………… 28-29
応力拡大係数K ……………………… 25
応力拡大係数範囲 … 26, 116-117, 134-135
応力集中係数 ……………… 21-22, 129
応力振幅 …………… 18, 24, 29 118, 129
応力比 ………… 18, 26, 116-118, 131, 136
応力腐食割れ（Stress Corrosion Cracking : SCC）…… 4, 7-8, 11, 13, 15, 18, 30-31, 66, 68, 89
応力腐食割れの防止 …………… 13, 18, 30
オーバーピーニング ………… 9, 102, 121
温間ショットピーニング ……… 28, 124
温間ピーニング ………………… 122, 124

【か】

介在物からの破壊 …………………… 118
下限界応力拡大係数範囲 …… 26, 116-117, 134
加工硬化 …… 2, 8-11, 13, 21, 32-33, 84-85, 100, 103, 121, 124, 127
加工条件 …… 6-9, 11, 97-98, 100, 103, 116, 119-123
加工部品例 ………………………… 10
加工面の異方性 …………………… 80
加工誘起変態 ……… 83, 84, 89, 127-128
加工要因 …………………………… 8
かしめ・ライニング ………………… 15
硬さ ……………………………… 116
硬さ試験方法 ……………………… 84
硬さ分布 ………… 9, 12, 84, 128, 133-134
カットワイヤショット …… 38-40, 43-44
カバレージ ……………… 6, 8-9, 50, 81, 85, 98, 102, 110, 111, 113, 116, 119, 121-124, 126-127
ガラスショット ……………… 40-41, 44
キャビテーション式 ………… 48-49, 68
キャビテーションピーニング … 29, 32-33, 68-70
切欠係数 …………………………… 21
切欠き効果 ………………………… 21
き裂材の疲労限度予測式 …………… 116
金属疲労の防止 …………………… 11
空気式ショットピーニング装置 …… 55
クロッシングポイント ………… 117-118

形状係数 ……………………………… 117
研究と出版などの足跡 ……………… 5-6
顕微鏡 …………… 78, 82-83, 88, 110, 127
研磨鋼球 ………………………… 40, 43
降伏応力 ………… 24-25, 84, 129-130, 136
降伏領域 …………………………………… 2
転がり疲労強度 ………………… 18, 32-33
痕 …… 2, 3, 8, 9, 13, 102, 110, 119, 126, 132
コンディションドカットワイヤ ‥ 40, 44, 119
コンディションドカットワイヤショット
………………………………………… 40, 44

【さ】

最大圧縮残留応力 ……………… 126, 128
最大高さ粗さ …………………… 78-79
サチュレーションカーブ ……… 111, 113
作用と効果 ……………………………… 2, 7
算術平均粗さ …………………… 78-80
残留応力 ……… 2, 4, 7-11, 13, 15, 23-33, 38, 42-43, 49, 66-68, 70-72, 84-85, 88-89, 98, 100, 103, 105, 113, 117-119, 121, 123-128, 130-131, 133-139
残留応力分布 …… 11, 28-29, 33, 67, 71, 86, 119, 124, 126, 128-129, 131, 133-136
実施例 ……… 2, 7, 10-11, 13-14, 109, 123
集じん装置 ………………… 49, 51, 57, 61
ショット加速装置 ‥ 49-50, 52, 54, 56-57, 98
ショット硬さ …… 119, 123-124, 126-127
ショットサイズ ‥ 81, 56, 80-81, 116, 119, 123
ショット選別装置 ……………… 49-50, 57
ショット速度 ………… 8, 80-81, 111, 119
ショットの運動エネルギー …… 2, 7, 9-10
ショットピーニング ……… 2-10, 12, 14-15, 18, 20-21, 23-25, 27-29, 31-33, 38-40, 43, 48, 55, 57, 59, 61-64, 66, 68, 71, 78, 80-85, 89-92, 94, 98, 101-106, 109-113, 116-118, 120-124, 126
ショットピーニング加工面 …… 3, 11, 14, 78, 80-82
ショットピーニング技術発達の歴史
………………………………………… 2, 4
ショットピーニング国際会議 ……… 6-7
ショットピーニング装置 ……… 38, 49-52, 54-55, 57, 61, 98
ショットピーニングマシンタイプの選定
………………………………………… 116
ショットピーニング加工条件 …… 6, 116, 122
ショットレスピーニング … 48-49, 64-65
浸炭　11, 27, 32-33, 43, 68, 82-84, 94, 125-128, 130, 132, 134, 136-137
ストレスピーニング …………… 122-123
すべり帯 ……………………………… 20
スポーリング ……………… 32, 124, 134
寸法効果 ……………………………… 23
成形（ピーンフォーミング）…… 8, 10, 13
セッチング ……………………… 124-125
セラミックショット ………………… 40
測定方法 …………… 78, 85, 89, 109-110
速度コントロール装置 …………… 49, 56
組織変化 ………………………… 8, 10, 11

【た】

第Ⅰ段階 ………………………… 20, 117
耐摩耗性 ………………… 8, 18, 32-33, 81
第Ⅱ段階 ………………………… 20, 117
叩き延ばし ………………… 8, 10-11, 15
断面曲線 …………………………… 79, 81

超音波式 …………………… 48, 49, 63, 73
鋳鋼ショット ……… 13, 38-40, 43-44, 80
鋳鋼ショット（微粒子タイプ）……… 40
低サイクル疲労 …………………… 25, 131
投射速度 ………… 42, 50-51, 56, 116, 120
投射量 ……………………… 8, 56-57, 116

【な】

梨地模様 ………………………………… 3
ニードル式 ………………… 48, 49, 64, 72
二段ピーニング …………… 28, 122, 123

【は】

歯車 …· 82-84, 89, 116, 125-127, 129-131, 134, 136
バニシング式 …………………… 48, 49, 70
ばねの疲労破壊過程 ………………… 117
ピーニング強度 …… 8, 9, 80, 98, 100-105, 109, 126
ピーニング効果 …… 7-10, 15, 40, 42, 48, 51, 77, 78, 98, 100, 102, 103
ピーンフォーミング …… 7-9, 13, 43, 64
被加工材 …… 2, 4, 7-11, 13-14, 28, 80-81, 86, 89, 98, 100-104, 109, 113
ビジュアルカバレージ ……………… 110
微小欠陥 ……………………… 20, 22-23
ピッチング …………… 32, 129, 131-133
表面圧痕 ……………………………… 119
表面粗さ …· 3, 8, 9, 10, 23, 27-28, 32-33, 68, 78-82, 85-86, 100, 103, 105, 113, 123, 131-132
表面粗さ測定機器 ……………………… 78
表面異常層 ………………… 82, 86, 127
表面層改質 ……………………… 8, 10
表面近傍硬さ ………………………… 119
表面欠陥 …………… 22-24, 29, 119, 123
表面欠陥の無害化 ………………… 24, 29
表面性状 ……………… 7, 8, 10, 78, 85
表面性状生成 ……………………………… 8
表面直下の硬さ ……………… 128, 130,133
表面の圧縮残留応力 …· 28, 119, 128, 133
表面の残留応力 ………………………… 91
疲労強度 …… 4, 7, 11, 15, 18, 20-21, 23-24, 27-29, 32-33, 66-68, 70-73, 78, 100, 121, 125-127, 129, 131
疲労き裂進展 ………………… 20, 24-27
疲労限度　19, 24, 26-27, 29, 101, 116-121, 123-125, 129-130, 134
疲労限度線図 ………………………… 24
疲労限度予測 ………………… 116, 117
疲労破壊 …… 5, 13, 19-21, 25-26, 32, 84, 123, 125, 127 129-130, 133
疲労破壊過程 …………… 5, 25, 117, 130
ファインピーニング ………………… 126
封孔処理 ……………………………… 8, 13
負荷曲線 ………………………… 78, 81-82
不完全焼入 ……………………… 82, 127
ふくれ ………………………… 105, 136
普通ピーニング …………… 120, 122-125
フラップ式 ……………………… 48-49, 62
フルカバレージ ………… 9, 81, 102, 110
フルカバレージタイム …· 9, 81, 102, 110
平均応力 ……………………… 18, 23-24
ヘビーピーニング …………………… 126
飽和曲線 ………………………… 111-112
ホットスポット ……………… 102-103
ホットピーニング …………………… 98

【ま】

マイクロディンプル …………… 132-133

曲げ疲労破壊 …………………… 129-130
ミクロプール生成 …………………… 13
無害化 ………… 24, 29, 123, 130, 134-135
メディア …………………………… 38, 44
面疲労破壊 …………………………… 129

【や】【ら】

焼入焼戻し …… 82-84, 125, 127-128, 137
粒界酸化 ……………… 83, 130, 134-135
輪郭曲線 …………………………… 79, 82
ライニング …………………………… 15
$\sqrt{area}$パラメータモデル ………… 22-23
レーザー式 ………………………… 48-48, 65
ロールオーバ ………………………… 105

【A-Z】

Aストリップ ……………………… 106
Cストリップ ……………………… 107
DSP ………… 84, 126-130, 134-135, 137
FeCrBショット ……………………… 40, 43
FSP ……………… 130, 132-133, 136-137
Haddad ……………………………… 116
HSP ………… 126-130, 132-133, 136-137
Nadcap認証 …………………………… 7
Nストリップ ……………………… 107
OSP ……………………………… 125-133
Paris則 ……………………………… 26
S-N線図，S-N曲線 ………… 19, 131
SP加工条件 ……………… 120-121, 123
SP後の加熱 ………………………… 125

2018年9月15日　初版第1刷発行

金属疲労とショットピーニング

（定価はカバーに表示してあります）

NDC：566.73

編　　者　ショットピーニング技術協会
発 行 者　金　井　　實
発 行 所　株式会社 大　河　出　版
（〒101-0046）東京都千代田区神田多町2-9-6
TEL　(03)3253-6282(営業部)
(03)3253-6283(編集部)
(03)3253-6687(販売企画部)
FAX　(03)3253-6448
http://www.taigashuppan.co.jp
info@taigashuppan.co.jp
振替 00120-8-155239番
印　　刷　株式会社エーヴィスシステムズ



ISBN 978-4-88661-708-8-C3053